PETER BAUMGARTNER

LEADERSHIP LEBEN

CHARAKTER UND CHARISMA ENTSCHEIDEN

BOOKS4SUCCESS

Gestaltung und Herstellung: Johanna Wack, Börsenmedien AG
Buchsatz: Franziska Igler
Lektorat: Egbert Neumüller
Druck: GGP Media GmbH, Pößneck

ISBN 978-3-86470-187-0

Bibliografische Information der Deutschen Nationalbibliothek:
Die Deutsche Nationalbibliothek verzeichnet diese Publikation in der Deutschen Nationalbibliografie; detaillierte bibliografische Daten sind im Internet über <http://dnb.d-nb.de> abrufbar.

BÖRSEN MEDIEN
AKTIENGESELLSCHAFT

Postfach 1449 • 95305 Kulmbach
Tel: +49 9221 9051-0 • Fax: +49 9221 9051-4444
E-Mail: buecher@boersenmedien.de
www.books4success.de
www.facebook.com/books4success

Inhalt

Prolog

Kapital kann man beschaffen,
Fabriken kann man bauen,
Menschen muss man gewinnen.

– Hans Christoph von Rohr

1.

Wer führt, gewinnt!

Führung ist das wichtigste Handlungsfeld in Organisationen. Das ist zwingend logisch, denn die Führungsfähigkeit potenziert oder limitiert die erzielbaren Ergebnisse. Bei Kongressen und Seminaren lässt sich seit Jahren ein Trend weg von Management- hin zu Leadership-Themen feststellen.
Es gibt zwei weitere Indikatoren, welche auf eine gestiegene und weiter steigende Bedeutung von Leadership hinweisen. Erstens geben Unternehmen verstärkt an, dass sie im Führungsstil einen Wettbewerbsvorteil erkennen. Zweitens steigt die Nachfrage nach Veröffentlichungen zum Thema Leadership.[1]

Führung und Leadership – gefährliche Wörter?

Schon immer wurden große Leader beneidet und zugleich von anderen Menschen gehasst. „Führer“ ist ein gefährliches Wort, weil damit zwar die besten Leistungen der Geschichte, aber oft auch die schlechtesten verbunden sind. Rund sieben Jahrzehnte Distanz zum größten Missbrauch der Begriffe „Führer“ und „Führerschaft“ reichen nicht aus, um sie kritiklos in Diskussion zu bringen.[2] Durch die katastrophale Führungsmethode im Dritten Reich ist das Wort „Führer“ im deutschen Sprachraum äußerst negativ behaftet. So unvermeidlich die Konfrontation, so lächerlich die zeitliche Dimension der zwölf Jahre des tausendjährigen Reiches, so immens die negativen Auswirkungen. Zu viele haben dies aus der eigenen unabwendbaren Geschichte erfahren müssen. Ein von Beginn an fürchterliches Kapitel der Menschheit.
Der Aufarbeitung folgt die Einsicht, dass schuldhaftes Verhalten nicht nur auf einen einzelnen Menschen fokussiert werden kann, sondern die Verteilung von Verantwortung ernst zu nehmen ist.[3]
Bedauerlicherweise wurde damals und wird auch heute oftmals

ein Mensch, der falsche Werte propagiert, als charismatisch und als Führungsperson empfunden.
Die Bereitschaft, den angloamerikanischen Begriff Leadership im deutschen Sprachgebrauch zu verwenden, ist sehr ausgeprägt. Nur allzu verständlich. Die Führung im Dritten Reich basierte nicht auf einem Führer, sondern auf etwas gänzlich anderem, nämlich auf einem Verführer.
Man muss kein Freund des inflationären Gebrauchs von Anglizismen sein, doch das englische Wort besitzt seine Verwendungsberechtigung. Leadership ist der Begriff für unsere Zukunft, er kommt keinesfalls aus der Vergangenheit.

Führung und Verführung

Das Gegenteil von ehrlicher Führung ist Verführung, die auf schlechten Werten basiert. Man manipuliert Menschen, indem man ihnen nach falschen Methoden die falschen Dinge vermittelt und verkauft. Man bringt finanzielle Massenvernichtungswaffen unter die Leute und verführt die Menschen zum Spielen. Man informiert die Bürger eines Landes oder Staatenverbunds unzureichend und betrügt im großen Stil. Das gnädige Wörtchen „man“ enthebt einige aus der Verantwortung. Wer ist mit „man“ gemeint? Es bedarf eines genauen Hinsehens, um zeitgerecht zu erkennen und zu benennen, wer diejenigen sind, die verführen.

Ein weites Feld

Das Terrain, auf das sich das Thema Leadership vorgewagt hat, ist äußerst unübersichtlich.
Regieren und Führen werden nie mehr so sein wie bisher.[4] Für Menschen in Führungsverantwortung gilt: Alles ist wie früher, aber nichts ist mehr gleich.

Leader sind gefordert und Leader sind gefragt. Mehr als jemals zuvor. Deshalb habe ich mich eingehend damit befasst, die Aufgaben und Fähigkeiten eines Leaders zu betrachten, zu analysieren und in diesem Buch darzustellen.
Leader benötigen die richtigen Leute, die an das, was sie tun, glauben. Leute, die keinen Job machen, sondern Verantwortung tragen. Wer seine Leute richtig behandelt, sorgt für konstruktives Zusammenarbeiten. Aber oft gehen Leader mit ihren Mitarbeitern nicht richtig um. Dieses Versagen ist ohne Ausrede den Führungskräften zuzuordnen.[5]
Ein Leader ist unentbehrlich, egal ob in der kleinen Gruppe oder im Großkonzern. Führungsverhalten ist uns selbstverständlich vertraut, die Erfahrungen damit sind vielfältig. Jeder kann – anscheinend – mitreden. Unsere Gesellschaft ist in allen Bereichen von Leadership betroffen und kann letztlich nur durch Leadership weiterentwickelt werden. Leistungen in Wirtschaft, Bildung, Politik, Medizin und Sport können durch die Unterstützung von Leadern großartig ausfallen und werden zugleich durch mangelnde Leadership-Fähigkeiten beschränkt.
Führungskräfte aller Hierarchieebenen müssen Leadership-Aufgaben übernehmen, um durch Kompetenz und Leidenschaft gemeinsam Größeres zu erreichen: egal ob als wirtschaftliche Führungskraft, Unternehmer, Trainer im Sport, Arzt, Lehrer, Kapitän oder Politiker.

Wer Menschen erfolgreich führen will, muss sich drei Hauptaufgaben widmen:

1. **Jeder Mensch in Führungsverantwortung braucht Charakter und Charisma.**
2. **Nur wer die Menschen wirklich in den Mittelpunkt seines Handelns stellen kann und will, wird langfristig erfolgreich sein.**

3. Klarheit und gesunder Menschenverstand punkten deutlich gegenüber Absichtserklärungen und Unwahrheiten.

Es geht in diesem Buch um Profundes und nicht um Profanes

Zentral ist, dass Charakter und Charisma entscheiden, und eine hohe Leadership-Kompetenz ist das Fundament für Erfolg. Ein rein deskriptives Werk zu modernen oder historischen Führungsgrößen würde viel zu kurz greifen. Es geht vielmehr darum, das Bewusstsein für die Wichtigkeit von „Leadership leben" und die Möglichkeiten der Erlernbarkeit aufzuzeigen.
Es liegt an Ihnen, „Leadership leben" als Begleiter zu Ihren Zielen einen Platz einzuräumen. Als Leader verwirklichen Sie einfach mehr, weil Sie mit Ihren Fähigkeiten Zuversicht und Kompetenz vermitteln. Wie kommen Leader ans Ziel? Nicht nebeneinander, nicht gegeneinander, sondern miteinander.
Einfache Antworten zu Leadership-Fragen erhofft wohl niemand ernsthaft. Weder ein Buch allein noch ein Vortrag kann eine Antwort auf etwas liefern, was nicht beiläufig gelehrt und gelernt werden kann. Es muss empfunden und gelebt werden.
Führungskunst ist Weitsicht bei der Ausrichtung einer Organisation. Dabei sind unter anderem Kreativität, Vorbildwirkung und Nähe zu den Mitarbeitern die von einem Leader geforderten Eigenschaften. Führungsqualität wird sichtbar, wenn wir die Herzen der Mitarbeiter erreichen.

Es geht um Hoffnung und um ein besseres Leben

Was ist für Sie ein besseres Leben? Ist das nicht ein Leben, in dem wir der Balance und Einfachheit mehr Platz einräumen, als wir es heute tun? Die Hoffnung auf ein besseres Leben stirbt zweifellos, wenn Sie eine begeisterungsfreie und unnahbare Führungskraft sind. Eine Philosophie der Hoffnung in sich zu tragen, das zeichnet Leader aus. Was Leadership erreichen kann, ist nie zu unterschätzen.

Leadership kann Menschen zu einem besseren Leben verhelfen. Allen. Jenen, die geführt werden, genauso wie jenen, die selbst Führungsverantwortung übernehmen und tragen.

Das unvermeidbare Erfordernis einer Definition

Definitionen können definitiv nerven, sind jedoch unumgänglich für das Verständnis: Leader führen durch Motivation und Übertragung von Verantwortung. Sie erkennen die Herausforderungen und erreichen Zustimmung zu ihrer Vision. Leader entwickeln die Leistung Einzelner und schaffen kompetente Teams.[6] Diese Annahme ist natürlich idealistisch, denn die Realität sieht häufig anders aus.

Ein verheerendes Bild

Heutzutage sind viele Menschen in der Arbeitswelt demotiviert. Die Folgen zeigen sich in einer verminderten Leistungsfähigkeit der Organisationen. Dafür verantwortlich sind vor allem Defizite in der Führung. Mangelnde Leadership-Kenntnisse vernichten Motivation und Geld, was ein nicht zu verachtender und niemals widerlegbarer Faktor ist.
Führungsverantwortliche sprechen viel zu selten Anerkennung und Dankbarkeit aus. Auch können sich Mitarbeiter oft nicht

ausreichend einbringen, da ihre Meinung kaum jemanden zu interessieren scheint.[7]
Schlechtes Führungsverhalten zerstört die Beziehungen der Menschen in der Organisation, ihr Selbstbewusstsein und letztlich die Unternehmensergebnisse. Leadership erkennt und nutzt das Potenzial aller, um positiv auf Menschen und Organisationen zu wirken.

Ein positiver Ansatz

Aus der Positiven Psychologie ist bekannt, dass Menschen, die positiv emotionalisiert sind, mehr wahrnehmen. Sie sind generell aufmerksamer und achtsamer. Positive Emotionen wirken noch dazu ansteckend.
Optimistisch ist jemand, der Positives in der Zukunft erwartet und sich selbst Gelingen zuschreibt. Widerstandsfähigkeit und Ausdauer sind die notwendigen Eigenschaften, um trotz Widrigkeiten optimistisch und voller Ressourcen zu bleiben. Leadership betrachtet das Wohlbefinden des einzelnen Menschen wie auch die Leistungsfähigkeit der Organisation.[8] Durch den persönlichen Kontakt zu den und die Kommunikation mit den Mitarbeitern bleibt der Leader nahe am Geschehen. Er ist dadurch in der Lage, das Arbeitsumfeld für die Menschen zu verbessern. Zudem steigert er mit ihnen die Effektivität. So bündelt der Leader die positiven Kräfte.
Die Positive Psychologie beschäftigt sich mit Charakterstärken. Charakterstärken sind ein Synonym für Tugenden.[9]
Das Wort „Leader" hörte ich zum ersten Mal von einem Psychologie-Professor. Er hielt ein leidenschaftliches Plädoyer für eine neue und begeisternde Art der Menschenführung. Er sprach von Führungskräften, die uns dorthin bringen, wohin wir allein nicht gelangen können.

Das Credo

Erfolg beinhaltet auch Eigenschaften, die am postmodernen Wertehimmel fast Feindseligkeit provozieren: Disziplin und Konzentration. Ein Mensch auf einem Berggipfel ist nicht dahin gefallen. Ohne Selbstdisziplin ist kein Problem lösbar. Sie ist für alle Arten des Lernens und Wachsens notwendig. Analog dazu findet sich ein Unternehmen nicht automatisch als Marktführer wieder, nur weil es gute Ideen hat.
Was die Sache schwierig macht, ist die Illusion, es müsse leicht gehen, ohne Schmerz. Der ideale Berg, die ideale Route, das ideale Wetter, der ideale Markt, die ideale Konkurrenzsituation, keine Widerstände, das ideale Team …
Berufliche Professionalität ist jedoch Grundvoraussetzung und außerdem gilt Folgendes: Nur diejenigen, die in ihrem Leben tun, was sie gerne tun, was sie mit Begeisterung tun, was sie aus vollem Herzen tun, werden Erfolg haben.[10]

Verwirklicher werden

Es geht darum, ein Verwirklicher zu sein. Für sich selbst und für andere. Kein Wirtschaftslenker ist automatisch Verwirklicher. Auch kein Politiker. Diese Annahme erscheint mir viel zu abstrus – oder nicht abstrus genug. Ich ziehe den Kreis jener, die Verwirklicher sein können, größer und unkonventioneller. Nicht immer sind die materiellen oder klar erkennbaren Sieger vorbildhaft, sondern andere, die großartiges Leadership leben.

Der Anspruch: Erster unter Gleichen

Der Leader schläft bei einer Expedition nicht im größten Zelt. Der Konzernchef muss nicht in der allerhöchsten Etage anzutreffen

sein. Ein Leader erreicht und behält seine Position dank seines Wirkungsvermögens und besonderer Fähigkeiten. Zugleich ist er sich immer bewusst, dass seine Begleiter verschiedene Dinge viel besser können als er selbst.
Nur gemeinsam gelingt es, große Vorhaben zu meistern. Niemals allein, sondern umgeben von loyalen Mitstreitern. Übergeordnete Ziele erreichen alle, die ihren Mitarbeitern auf Augenhöhe begegnen. Kommunikation ist der Schlüssel dazu. Sinnstiftendes Vorbildverhalten bringt Ihre Leute dazu, sich einzusetzen.

Die Augen Ihrer Leute

Monique R. Siegel meint: Echte Leader schauen in die Augen ihrer Leute.
Durch dieses Führungsbuch blicken Sie zukünftig anders in die Augen Ihrer Leute. Sie lesen dieses Buch, weil Sie erfolgreich sind und ohne Zweifel weiter erfolgreich sein wollen.

Ich habe dazu etwas erkannt, das mich berührt und das ich benennen möchte:

Leadership heißt: Menschen groß machen.

Leadership. Gestern. Heute. Morgen.

Vergessen Sie Lob.
Vergessen Sie Bestrafung.
Vergessen Sie Geld.
Sie müssen die Arbeit interessanter machen.[11]

– Frederick Herzberg

2.

Gestern war heute morgen

Es mag stimmen, dass der sicherste Weg, Geld zu verlieren, gemeinsame und einheitliche Entscheidungen sind. Es mag immer wieder Situationen geben, in denen nur einer sagen kann, wo es langgeht. Doch nur mit dem Genie eines Einzelnen oder gar Sturheit und Ichbezogenheit lässt sich Großes nicht verwirklichen.
Wahrlich beachtliche Leistungen haben viel mit Verwirklichung zu tun. Verwirklichung erfordert in allererster Linie eine Idee, ein gemeinsames Ziel und einen höheren Sinn. Ohne Leader, die diesen Sinn anderen Menschen begeisternd vermitteln und diese Menschen emotional beteiligen, bleibt vieles unerreicht. Gleichgültig ob im Großen oder im Kleinen. Das war gestern so, das ist heute so und das wird auch morgen so sein.

Eine geteilte Vision

Ein Bergurlaub befreundeter Familien in den österreichischen Bergen. Die Jugendlichen errichten vereint einen Staudamm in einem Gebirgsbach. An dieser Stelle haben offensichtlich schon vielfach Versuche stattgefunden, den kleinen Bachlauf möglichst hoch aufzustauen. Einige der Burschen stehen bis zu den Knien im kalten Wasser, andere schleppen morsche Holzstücke und schwere Steine heran. Einer arbeitet augenscheinlich anders mit, er hilft, wo Not am Mann ist, konzentriert sich aber auf die Koordination und erzählt allen, er wolle gemeinsam den höchsten Damm errichten. Er setzt „Fachleute“ für bestimmte Arbeiten ein, die er selbst nicht beherrscht, motiviert, behält die Übersicht. Am Ende des Nachmittags ist der kleine Staudamm höher als je zuvor. Mit den Eltern lassen alle das aufgestaute Wasser unter Jubel wieder frei und wandern zufrieden zur Hütte zurück. Auf dem Rückweg sprechen die erwachsenen Beobachter über den

Jungen, der ihnen aufgefallen ist. Bald ist man sich einig, warum. Er hat manuell weniger geleistet und machte sich auch durchaus weniger schmutzig. Sein Anteil am Gelingen des Projektes schien aber kein geringer zu sein. Der Damm erreichte nur deswegen eine enorme Größe, weil dieser Junge seine Vision mit den anderen geteilt hatte. Er konnte sie leidenschaftlich begeistern und allen deutlich machen, dass es nur gemeinsam gelingen wird. Diese Geschichte aus den Alpen hat etwas mit Leadership zu tun, genau wie folgende aus dem Amazonasgebiet.

Ein unvergleichliches Szenario

In dem Film „Fitzcarraldo“ von Werner Herzog zieht ein Visionär, der ein eigenwilliger Opernliebhaber ist, einen riesigen Flussdampfer über einen Urwaldberg in Peru. Natürlich nicht allein. Ausgangspunkt ist seine Vision. Seine Verwirklichungskraft realisiert sie. Er macht gemeinsam mit seinen Leuten Unmögliches möglich.

Bildgewaltig umgesetzt und einzigartig gelöst, schuf Herzog einen Film für die Ewigkeit. Man hatte ihm anfänglich vorgeschlagen, mit einem Modellschiff im Botanischen Garten von San Diego zu drehen. Herzog lehnte das kategorisch ab. „Selbstverständlich müssen es ein echtes Schiff und ein echter Berg sein.“ Am 12. Juli 1981 stand das 40 Meter lange und 160 Tonnen schwere Schiff oben auf der Bergkuppe. Die Schauspieler freuten sich vor der und das gesamte Film-Team hinter der Kamera. Die Schneise im Urwald ist längst wieder zugewuchert, doch die Bilder bleiben.

Werner Herzogs Ansatz war: Es müssen Bilder und eine Glaubwürdigkeit sein, die man nie zuvor im Kino gesehen hat. Dies machte aus dem Film einen Welterfolg.

Herzogs große Leistung: Nicht besserwisserisch, sondern bestechend visionär zu sein. Ohne Leadership wäre so eine Realisierung nicht vorstellbar.

Ein negatives Paradebeispiel

Zwei Kriegsschiffe übten seit Tagen in schwerem Wetter Manöver. Nebelschwaden erschwerten gegen Abend die Sicht und so blieb auch der Kapitän auf der Brücke und überwachte alles. Kurz nach Anbruch der Dunkelheit meldete der Ausguck: „Licht Steuerbord voraus."
„Bleibt es stehen oder bewegt es sich?"
Der Ausguck antwortete: „Es bleibt, Kapitän." Das hieß, dass sich das Schiff auf einem gefährlichen Kollisionskurs befand.
Da rief der Kapitän dem Signalgast zu: „Schicken Sie dem Schiff ein Signal: Wir sind auf Kollisionskurs, empfehlen 20 Grad Kursänderung."
Zurück kam das Signal: „Empfehlen Ihnen, den Kurs um 20 Grad zu ändern."
Der Kapitän sagte: „Melden Sie, ich bin ein Kapitän, Kurs um 20 Grad ändern."
„Ich bin ein Unteroffizier", lautete die Antwort. „Sie sollten Ihren Kurs besser um 20 Grad ändern."
Der inzwischen wütende Kapitän schimpfte: „Signalisieren Sie, dass ich ein Kriegsschiff bin. Er soll den Kurs um 20 Grad ändern."
Prompt wurde eine Antwort zurückgeblinkt: „Ich bin ein Leuchtturm."

Was wollen wir sein?

Was wollen wir sein? Privilegierter Chef oder Erster unter Gleichen?
Was wollen wir sein? Regisseur mit Modellen oder Verwirklicher?
Begnügen wir uns mit Mikromanagement, oder peilen wir große Lösungen an?
Was wollen wir sein? Militärischer Schiffsoffizier oder Leuchtturm? Wollen wir stur an einem eingeschlagenen Kurs festhalten, oder wollen wir heute Orientierung für morgen geben?

Leadership gestern

Zu den größten Führungsleistungen und logistischen Herausforderungen der Menschheit zählt auf beeindruckende Weise die Entdeckung der beiden Pole. Gerade der Südpol stellte dabei alles bisher Dagewesene in den Schatten. Der Norweger Roald Amundsen erreichte im Dezember 1911 erwiesenermaßen als Erster das „untere Ende“ der Welt. Indessen machen zwei Männer aus dem britischen Empire noch heute Schlagzeilen mit ihrem Scheitern in der Antarktis.

Amundsen war ein Entdecker. Als Entdecker muss man der Erste sein.[12] Soweit hat er alles richtig gemacht und seine Mitbewerber, wenn auch denkbar knapp, geschlagen. Die beiden anderen Männer, deren Geschichte auf sehr eindrucksvolle Art mit dem Südpol verknüpft bleibt, sind Captain Robert Falcon Scott und Sir Ernest Henry Shackleton. Scott verlor bei seinem zweiten Versuch nicht nur den Wettlauf zum Pol, sondern auch sein Leben und das der ihm anvertrauten Männer. Shackleton hingegen sticht gerade durch seine Art von Leadership unter seinen Zeitgenossen hervor. Er verlor nie ein Menschenleben.

Ein historischer Abriss

Alle Episoden der Weltgeschichte scheinen sich zweimal zu ereignen: das erste Mal als Tragödie, das zweite Mal als Farce. Dies gilt auch für die Eroberung der Pole, bloß in umgekehrter Reihenfolge.[13] Die *Times*, seit jeher zur Fraktion der Expeditionsskeptiker gehörend, nahm damals kein Blatt vor den Mund. Die Bereitschaft, für ein geografisches Phantom Menschenleben zu riskieren, schrieb sie, entspringe der Fantasie eines kranken Gehirns.[14]

Der historisch stringente Lauf der Dinge sei hier bloß skizziert, das Hauptaugenmerk liegt auf der Relevanz von Führungsfähigkeiten.

Ein erster grandioser Versuch
Die *Discovery*-Expedition – Juli 1901 bis Februar 1903

Obwohl Scotts Schiff, die *Discovery*, nicht direkt der Royal Navy unterstand, verlangte der Kapitän von den Expeditionsteilnehmern, sich der Disziplin der britischen Kriegsmarine unterzuordnen. Scott besaß keinerlei Erfahrung im Eis und hörte noch dazu Ratschläge nicht gerne. Er war impulsiv, aufbrausend und unberechenbar in seinen Entscheidungen. Aber er war ohne Zweifel ein Gentleman.

Als Kommandeur der National Antartic Expedition hatte er beschlossen, einfach auszuprobieren, wie weit sie in die Antarktis vordringen würden. Keiner hatte eine Ahnung, auf was sie sich da eingelassen hatten. Ohne Vertrauen zu Hunden zogen sie ihre Schlitten selbst. Scott kämpfte sich mit seinen Begleitern Ernest Shackleton und Edward Wilson bis 82°15' südlicher Breite vor, 745 Meilen vom Südpol entfernt. Der bis dahin weiteste Vorstoß auf dem Kontinent. Eine grandiose Leistung.

Scott hielt nichts von Shackleton, brauchte ihn aber wegen seiner Fähigkeiten und schickte dann den ungefragten Ideengeber vorzeitig nach Hause. Beide waren großartige Männer, und doch war für sie einfach nicht genügend Platz in der Antarktis. Scott und Shackleton sind hervorragende Beispiele dafür, dass am und um den Pol schon immer viel gestritten wurde.

Viele von Scotts Führungsdefiziten rührten von seiner Ausbildung im späten 19. Jahrhundert her. Die Briten lebten schon damals gerne in der Vergangenheit. Die Angehörigen ihrer Marine waren selbstgefällig, innovationsresistent und mehr auf Haltung als auf Funktionalität bedacht.[15] Shackleton verabscheute hingegen schon seit seiner Schulzeit militärischen Drill und trug die Überzeugung in sich, dass man mit einem zwangloseren Führungsstil weiter kommt. Um das zu beweisen, brach er wenige Jahre später mit einer eigenen Expedition ins weiße Nichts auf.

Weltmarktführer im Dunstkreis des Ruhmes Die *Nimrod*-Expedition – August 1907 bis März 1909

9. Januar 1909: Weltmarktführer in Eis, Schnee und Entlegenheit. Nur 97 Meilen vom Südpol entfernt.

Die British Antarctic Expedition verkam zu einer reinen Privatangelegenheit – unzureichend finanziert, ohne Protektion durch große geografische oder wissenschaftliche Organisationen und mit der winzigen *Nimrod* als Schiff.

Mit seinen drei Begleitern Frank Wild, Eric Marshall und Jameson Adams quälte Shackleton sich im Januar 1909 bis auf 97 Meilen an sein Ziel heran. Um ein Haar wäre er fast drei Jahre vor Amundsen der berühmteste aller Polarforscher geworden. Der Rückweg geriet zu einem verzweifelten Rennen gegen den Tod. Die erschöpften Männer schafften das Unmögliche und Shackleton kehrte als Held des Empires nach England zurück. Das Volk feierte ihn. König Eduard VII. schlug Shackleton zum Ritter und jedes größere Land der Erde zeichnete ihn aus. Die größte Wertschätzung verdient er wahrlich und letztendlich dafür, dass er trotz der Nähe nicht mehr zum Südpol ging. Kaum vorstellbar, wie müde, verzweifelt und traurig die vier Männer gewesen sein müssen.

Leader müssen – damals wie heute – erkennen: Der Mensch ist und bleibt die wichtigste Ressource.

Shackleton hatte die Größe, aufzugeben und umzukehren. Sein Leben und das seiner Leute waren ihm als Weltmarktführer in Eis, Schnee und Entlegenheit kein weiteres Risiko wert. Er empfand es als seine Pflicht, sie zu beschützen. So errang er ohne den Verlust von Menschenleben Ruhm.
Sein Expeditionsbericht und seine Erfahrungen veranlassten jemand anderen, auch noch die letzten Meilen zu schaffen.

Effizienz und Organisation siegen
Die Eroberung des Südpols – August 1910 bis März 1912

Roald Amundsen studierte Shackletons Expeditionsbericht und erkannte, wenn dieser eine geschicktere Ausrüstung dabei gehabt hätte, Hunde, Pelzbekleidung und vor allem Ski, dann wäre der Südpol ein abgeschlossenes Kapitel.
Die Depots müssen absolut sicher sein, schärfte Amundsen seinen Begleitern ein. Der Sieg werde dem gehören, der alles in Ordnung gebracht habe. Glück, sagt der Volksmund dazu. Dagegen sei die Niederlage dem gewiss, der versäumt habe, rechtzeitig die notwendigen Vorkehrungen zu treffen. Das nenne man dann Pech.[16] Selbst als er den Pol erreicht hatte, war sich Amundsen noch nicht sicher, ob er zurückkommen würde. Er hinterließ im Zelt einen Brief an König Haakon VII., der im Falle seines Scheiterns der Nachwelt als Zeugnis gedient hätte.[17]
Amundsen hat am 14. Dezember 1911 „nur“ gesiegt. Er beherrschte es, möglichst effizient relevante Dinge abzuarbeiten. Eine Art von perfektem Expeditions-Management. Was er nicht so gut konnte, war, sich mit ehrlichem Interesse um seine Leute zu kümmern und mitreißende Expeditionsberichte zu verfassen.

Amundsen fuhr mit seinem Schlitten oft als Letzter, da er sich dann unbeobachtet fühlte und sich so von seiner Rolle als Anführer erholen wollte.[18] Die flexible Anpassung an die naturgegebenen Umstände begründete seinen Sieg. Den Begleitern gegenüber, die diese Leistung wesentlich mittrugen, war er ein kaum zugänglicher, ausgesprochen harter und unversöhnlicher Expeditionsleiter. Seine Charakterzüge bringt man heute mit Autorität, Egoismus und Willkür in Verbindung.
Etwa zeitgleich mit Amundsen war Scott zu seiner zweiten Südpol-Expedition aufgebrochen.

Die Rezeptur für eine absolute Katastrophe Die *Terra-Nova*-Expedition – Juni 1910 bis Februar 1913

Robert Falcon Scott hatte nur ein Ziel vor Augen: die britische Fahne am Südpol. Dieses Ziel hat er unter dem größtmöglichen denkbaren Einsatz im Januar 1912 erreicht. Mit seinen vier Begleitern stand er 34 Tage zu spät an diesem – nun für ihn schrecklichen – Ort. Er entdeckte nicht den Südpol, sondern das Zelt Amundsens. Dieser degradierte Scott mit der Nachricht an den norwegischen König zum Postboten. Das und der Rückweg, ein verzweifelter Kampf gegen den Tod, lasteten erdrückend auf den Männern. Scott kämpfte immer, er hatte Stress mit den Ponys, später mit dem Selberziehen der Schlitten. Amundsen reiste hingegen mit den Schlittenhunden sorgfältig vorbereitet. Scott vertrat die irrige Ansicht, dass man nur im Schweiße seines Angesichts etwas erreichen könne.[19] Die Männer litten unglaublich. Edgar Evans verstarb im Februar 1912. Mitte März verließ der total erschöpfte Captain Lawrence Oates mit den Worten „Ich gehe hinaus und bleibe vielleicht einige Zeit draußen“[20] das Zelt, um im Schneesturm den Tod zu suchen. Er wollte seinen Kameraden nicht weiter zur Last fallen. Keine zwei Wochen später, nur zwei Tagesmärsche vom rettenden

One Ton Depot entfernt, erfroren Scott, Edward Wilson und Henry Bowers, die letzten verbliebenen Männer.
Scott hatte ein großes Ehrgefühl.[21] Auf dem Schiff und in der Hütte blieben die Bereiche von Offizieren und Mannschaften strikt getrennt. Die Beziehungen zwischen beiden Seiten basierten auf strengen Regeln. Der Expeditionsleiter erschien den meisten seiner Männer als unnahbare Gestalt. Seine Leute merkten selten, dass Scott stolz auf sie war. Sein Untergang hatte viel mit sperrigen Traditionen zu tun. Aus Erfahrungen und Fehlern zu lernen vermittelte ihm die Royal Navy nicht, nur das falsche Selbstverständnis, dass Erfahrung und althergebrachtes Wissen auch für die Zukunft ausreichen. Scotts Persönlichkeit und seine Ausbildung ergaben eine für das Unternehmen tödliche Mischung. Die militärische und unnahbare Art zu führen war der Anfang vom Ende und besiegelte den Tod aller.
Scott war ein Mann, der seinen Dienst tat und sich aufopferte.[22] Ihm gebührt großer Respekt, er leistete Übermenschliches. Amundsens Buch über den Südpol beschreibt einen gemütlichen Spaziergang zum Pol und zurück. Scott hat mit seinem Tagebuch Weltliteratur hinterlassen. Er hat sein Leben und Sterben inszeniert und so intensiv beschrieben, dass es Emotionen hervorruft. Scotts Story ist besser als Amundsens Sieg.[23] Eine andere Geschichte hat ebenfalls enormes Potenzial.

Leadership par excellence
Die *Endurance*-Expedition – August 1914 bis Januar 1917

635 Tage Überlebenskampf in der Antarktis. Unübertroffene Leadership-Fähigkeit.

Shackletons dritte Expedition ins ewige Eis, eine phänomenale Geschichte der Antarktisforschung, ist an Dramatik und Legendenbildung kaum zu überbieten. Für ihn blieb nur noch die größte und herausragendste aller Reisen: die vollständige Durchquerung des antarktischen Kontinents. Die *Endurance* verließ den letzten Außenposten der Zivilisation, die Walfängerinsel South Georgia im Südatlantik, und blieb im Packeis stecken. Die Reise war am Ende, ehe sie richtig begonnen hatte.
Eismassen zerquetschten im Oktober 1915 das Schiff. Die Männer waren Schiffbrüchige ohne Hoffnung auf Rettung in einer unzugänglichen Region. Fünf Monate harrten alle auf dem driftenden Eis aus. Schließlich erreichten die erschöpften und halbverhungerten Kameraden in ihren Rettungsbooten Elephant Island, eine unbekannte Insel, weitab von allen Schifffahrtsrouten. Mit fünf Männern brach Shackleton im April 1916 zu einer hochriskanten Rettung zurück nach South Georgia auf. In der *James Caird*, einem sieben Meter langen Rettungsboot, segelten sie 1.400 Kilometer durch das stürmischste Meer der Welt.

Ihre Überlebenschance erschien verschwindend gering. Anfang Mai 1916 erreichten sie die Rückseite der Insel. Die sechs ausgemergelten Seefahrer befanden sich nach 16 Tagen am Ziel und doch weit davon entfernt. Mit zwei Männern durchquerte Shackleton die vergletscherte Insel, in den Schuhsohlen steckten Schiffsnägel als Steigeisenersatz. Das Inselinnere hatte noch nie zuvor ein Mensch betreten. Nach einem 36-stündigen Gewaltmarsch über unzählige Gletscher betraten sie den Walfangstützpunkt. Nach drei fehlgeschlagenen Versuchen gelang mit dem chilenischen Schiff *Yelcho* am 30. August 1916 die Rettung der zurückgebliebenen Mannschaft von Elephant Island. Die Expeditionsmitglieder kamen wohlbehalten zurück in die Zivilisation. Alle überlebten die Strapazen der *Endurance*-Expedition, die 635 Tage gedauert hatte.

Egal, welche Umstände vorherrschen, ein guter Leader wird auch heute alles für seine Leute tun.

Das Geheimnis der Expedition hieß Shackleton: unbestritten, vielfach bewertet, erklärt, beschrieben, verfilmt, vorgetragen. Die Mannschaft aus der weißen Hölle herauszuholen war eine Leistung, die bei der Erforschung der Polarmeere nie übertroffen wurde.

Nicht wiederholbar

Die Leistungen von damals sind nicht wiederholbar. Niemandem ist es bis heute gelungen, auf den Originalstrecken zum Pol und zurück zu gelangen. Nach Reinhold Messners Worten sind sie nicht wiederholbar, weil den Menschen die Härte fehlt.[24] Sir Ernest Shackleton war ein Mann mit großer Ausstrahlungskraft. Er hatte seltene Führungsqualitäten: ein starkes Selbstverständnis als Teil des Teams, Begeisterungsfähigkeit, alle vertrauten ihm. Er selbst gab sich nie privilegiert, immer aber verantwortungsbewusst und entscheidungsstark.[25]

Seine vielfach bestaunte Führungskompetenz bestand darin, dass er in aussichtslos scheinenden Situationen mutig und beherzt handelte.[26]
Shackleton war genau wie Amundsen und Scott ein Abenteurer, der Ruhm für sein Land heimbringen wollte. Was aber war bei ihm anders als bei den beiden anderen? Ihr Zeitgenosse Sir Raymond Priestley brachte es auf den Punkt: „Gebt mir Scott als wissenschaftlichen Expeditionsleiter, gebt mir Amundsen für eine schnelle und perfekte Reise. Aber wenn sich das Schicksal gegen euch verschworen zu haben scheint und Ihr euch in einer hoffnungslosen Situation befindet, dann fallt auf die Knie und betet um Shackleton." Seine Männer waren ihm wichtiger als Erfolg, Ruhm und Ehre. Er teilte mit ihnen den letzten Bissen und auch sie hätten alles für ihren Boss gegeben. Als grundlegende Unterscheidung bleibt: Shackleton stellte seine Männer über alles, Scott stellte seinen Ehrgeiz über alles.
Im direkten Vergleich erscheint der Norweger Amundsen als kühler oder gar eiskalter Stratege. Er ließ die Hunde erschießen. Kompromisslos genial. Ein klar strukturiert denkender Mann, der seine Schlittenhunde an die anderen Zugtiere verfütterte und sie notfalls selbst gegessen hätte. Aber machen Sie das einmal heute, dann brauchen Sie gar nicht mehr nach Europa zurückzukommen.
Scott und Shackleton sind, demselben Kulturkreis zugehörig, direkt vergleichbar. Scott war für seine Mannschaft ein unantastbarer Befehlshaber, der sich damit zwangsläufig vom Wissen und Können seiner Helfer abschnitt. Er wies berechtigte Einwände immer mit seiner Erfahrung, seiner Ausbildung und seiner Stellung zurück. Shackleton hingegen baute auf seine Männer, er vertraute ihnen und sie vertrauten ihm bedingungslos und – wie wir heute wissen – zu Recht. Shackleton musste nicht andere erniedrigen, um selbst zu Größe zu gelangen. Er scharte Experten um sich, die bestimmte Dinge viel besser konnten als er selbst. Diese Männer hielt er bei Laune, sorgte für ein hervorragendes Gruppengefühl und eine wirklich tragfähige Expeditionsphilosophie. Genau

das bringt ihn sehr nahe an heute erfolgreiche Leader heran. Oder auch umgekehrt.

Gegen den Trend der Zeit

Was macht Shackleton so einzigartig? Dass er gegen den Trend der Zeit menschlich führte. Dass er zielstrebig war, ohne das Ziel über seine Leute zu stellen. Dass er als elitärer Weltmarktführer unter den größten vorstellbaren Bedrohungen in 22 Jahren Polarforschung nie ein Menschenleben verlor – eine beispiellose Bilanz. Und dass er bei minus 57 Grad richtige Entscheidungen treffen konnte. Dadurch führte er sein Team durch den Sturm – eine Eigenschaft, die auch heute äußerst gefragt ist.

> **Erfolg, egal ob in der Antarktis oder in der Wirtschaft, bedeutet: überleben.**

Was sicherte das Überleben der Männer? Was hat die Männer derart zusammengeschweißt? Heute erschließen sich dazu fünf Einflüsse:

- Shackleton als Mensch mit bestechendem Charakter und Charisma.
- Der Glaube seiner Begleiter an ihn.
- Der eigene Überlebenswille der Männer.
- Ihre unendlich große Verantwortung gegenüber allen Kameraden.
- Eine gehörige Portion Glück. Die wird niemand in Abrede stellen.

Shackletons selbstloses Verhalten löste Loyalität aus und brachte ihm seine Begleiter nahe.

Lebenslange Loyalität und teilhaben lassen

Shackleton hat Frank Wild im Januar 1909 mit seinem eigenen Proviant ins Leben zurückgebracht, als er dem total Erschöpften heimlich sein letztes Stück Biskuit aufdrängte. Ein Keks geriet zum Dreh- und Angelpunkt des Überlebens. „Ich schwöre bei Gott, dass ich es niemals vergessen werde. Mit keinem Geld der Welt hätte ich mir diesen Keks kaufen können", schrieb Wild in sein Tagebuch. Solche Gesten, nicht sein neuer Polarrekord, machten Shackleton zur Legende. Frank Wild blieb sein treuester Begleiter und engster Vertrauter auf allen weiteren Expeditionen.
Shackleton beanspruchte nie Privilegien für sich. Er teilte Zelte und Pflichten mit seinen Begleitern. Seine Essensrationen waren gleich groß oder klein wie die der anderen. Arbeiten und Wachestehen führte er genauso aus. Den schwächsten und den aufmüpfigsten Kameraden ordnete er seinem eigenen Team zu. Seine guten Stiefel gab er einem Mann, der sie nötiger hatte. Seine Handschuhe lieh er einem anderen.
Als Leader blieb er stets davon getrieben, das Beste für seine Leute herauszuholen, auch unter persönlichen Opfern. Damit gewann er die leidenschaftliche und oft lebenslange Loyalität seiner Männer.

> **Gefolgschaft erreichen Leader nicht durch Machtausübung, sondern durch Wertschätzung ihrer Mitarbeiter als unverzichtbare Partner. Das galt vor 100 Jahren und ist auch heute sicherlich nicht veraltet.**

Shackleton zeigte sich anhaltend bemüht, alle Gefährten am Ruhm teilhaben zu lassen. Bei einem Essen der Royal Geographical Society in London wollten die Anwesenden auf ihn trinken. Er bemerkte, dass auf der Einladungsliste nur „Mr. Ernest

Shackleton“ stand, und forderte, es müsse „Ernest Shackleton und seine Männer“ heißen, denn im Saal seien Männer zugegen, die mit ihm durch Anstrengungen und Schwierigkeiten der Expedition gegangen seien. Er vergaß seine Männer nie und verwendete immerzu „wir“ und „uns“, niemals „ich“. Er nutzte jede Gelegenheit, um in der Öffentlichkeit zu sagen, was er seinen Begleitern verdankte.[27]

Leader vergessen niemals ihre Leute, sie lassen sie am Erfolg teilhaben.

Erfolg wird an den erzielten Leistungen sichtbar.

Bewertung der Leistungen

Die Gesamtentfernung von Scotts Basis Terra Nova Hut zum Pol und zurück betrug 1.482 Meilen. Er schaffte es nur noch bis vor das One Ton Depot, womit 155 Meilen abzuziehen sind. Seine gesamte Wegstrecke belief sich auf 1.329 Meilen.
Von Shackletons Hütte Nimrod Hut zum Pol waren es 1.496 Meilen. Davon sind zweimal 97 Meilen vom Umkehrpunkt aus abzuziehen. Somit verbleiben als zurückgelegte Wegstrecke 1.302 Meilen.
Welche Leistung sollen wir heute wie bewerten? Scott kam 1912 ganze 27 Meilen weiter, aber alle fünf Männer fanden den Tod. Shackleton blieb 1909 marginal hinter dieser Strecke zurück, alle überlebten. Er rettete aber noch zwei Männer, was weiteren 60 Meilen entsprach. Im Endeffekt ging Shackleton also 33 Meilen weiter. Übrigens: Die beiden Hütten stehen heute noch als stumme Zeugen in der Antarktis.
Die Geschichte von Captain Robert Falcon Scott kannte und kennt in Großbritannien jedes Kind, nachdem sie per offizieller Anweisung in den Schulen vorzutragen war. Im Ersten Weltkrieg

feierte die Nation Scott als leuchtendes Vorbild, da er für ein „höheres Ziel" das eigene Leben geopfert hatte. Mehr als 30 Denkmäler und Statuen widmete man ihm im ganzen Land. Viele Bücher unterstreichen zudem seine Leistung.
Über Sir Ernest Shackleton jedoch erschienen bis in die 1950er-Jahre nur eine einzige Biografie und ein 40-seitiges Heftchen in der Reihe „Große Heldentaten". Shackletons Frau Emily wusste, dass sein wahres Vermächtnis die Wirkung war, die seine Liebe zum Leben und seine Selbstlosigkeit auf andere ausübten.[28] Dr. Macklin, Shackletons Wegbegleiter, meinte: ein sehr selbstloser Mann mit sehr viel Verständnis für menschliche Schwächen und mit jeder Menge eigener.

Erfolgsrezepte gab und gibt es nicht

Erfolgsrezepte liegen nicht in der übermächtigen Person des Leaders und auch nicht darin, seine Begleiter immer mit allen Gefahren zu konfrontieren, um sie noch mehr anzutreiben.
Shackleton, selbst ausgebildeter Kapitän, nahm sich bei der *Endurance*-Expedition mit Frank Worsley den besten Kapitän, den das britische Empire damals aufbringen konnte. Auf ihn konnte sich Shackleton verlassen und sich selbst anderen wichtigen Dingen widmen.
Bei der Durchquerung Südgeorgiens hatte der Expeditionsleiter seinen total erschöpften Begleitern nur fünf Minuten Schlaf gegönnt, ihnen nachher aber gesagt, sie hätten eine halbe Stunde geschlafen. Seinen Mitstreitern die Unwahrheit zu sagen darf nie salonfähig werden. Der alleinige Grund für diese Lüge war, dass Shackleton große Angst hatte, selbst einzuschlafen und damit das Leben aller zu riskieren. Schlaf geht in solch einer Situation unweigerlich in den Tod über. Er tat alles, um am Leben zu bleiben.

Überleben ermöglichen

Jeder Unternehmenslenker weiß, dass man mitunter in voller Fahrt den Kurs wechseln muss, wenn man wirtschaftlich überleben oder gewinnen will. Lang gehegte Ziele aufzugeben ist aber etwas sehr Schwieriges.
Ernest Shackleton scheiterte als Unternehmer, Entdecker, Expeditionsleiter und Polarforscher. Dennoch wird er heute als exzellentes Beispiel für Leadership verehrt. Die größte Niederlage ist zugleich die große Stunde des Krisenmanagers. In der grundpragmatischen Flexibilität liegt eine entscheidende Qualität. Shackleton wusste, dass er für sein Unterfangen die besten Leute brauchte. Diese suchte er per Inserat.

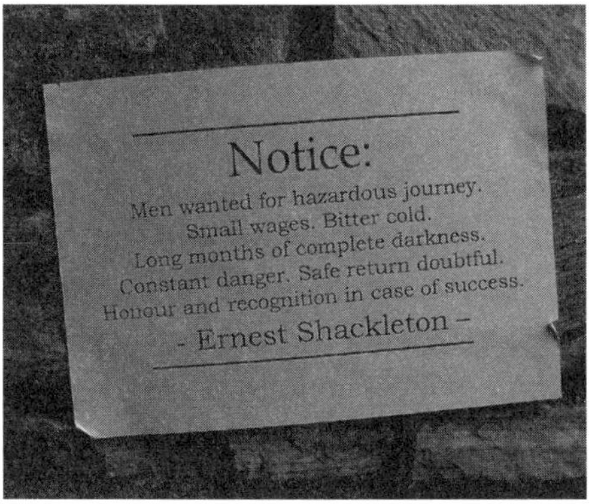

*Männer für eine waghalsige Reise gesucht.
Geringe Löhne, extreme Kälte.
Monatelange völlige Dunkelheit.
Permanente Gefahren, sichere Heimkehr ungewiss.
Ehre und Ruhm im Erfolgsfalle.*

Mehr als 5.000 Bewerber wollten eine Position im Team für die *Endurance*-Expedition. Widerspruch seiner Mannschaft musste Shackleton somit nicht wirklich befürchten, denn mit diesem Aufruf hatte er Männer mit grenzenlosem Optimismus und grenzenloser Risikobereitschaft angelockt. Heute lernen Menschen in Shackleton-Seminaren seine Führungskunst und seine Charaktereigenschaften. Alle Anzeichen sprechen für ein fulminantes Comeback des Forschers.

Die Suche nach frischen, unverbrauchten Führungspersönlichkeiten beginnt täglich neu. Gefragt sind Leader, die einen Weg weisen, selbst wenn sie dabei ein paar Schrammen abbekommen. Shackleton lehrt uns, wie bedeutsam das Überleben ist. Der wachsende Shackleton-Kult schien gegen Ende des 20. Jahrhunderts erst durch einen Wandel im nationalen Bewusstsein möglich. Zur großen Zeit der Polarforschung war die Erwartungshaltung der Öffentlichkeit klar und unbescheiden: entweder ein totaler Triumph oder eine ganz große Tragödie. Eine gesunde Heimkehr interessierte niemanden.
Heute, in einer Zeit, in der oftmals Sicherheiten abhanden kommen, sehnen wir uns nach verantwortungsvollen Menschen, die uns durch beunruhigende Situationen führen.

> **Wir alle suchen Leader, die uns gesund und würdevoll durch alle Gefahren leiten und uns eine realistische Chance lassen, nicht aus Verzweiflung und Überbelastung, sondern friedlich in unseren Betten zu sterben.**

Leadership heute

Liest man die Berichte seiner Expeditionsmitglieder, so meisterte Shackleton Probleme, die auch heutigen Führungskräften vertraut sind: eine heterogene Gruppe dazu bringen, auf ein gemeinsames Ziel hinzuarbeiten, sich mit Neinsagern auseinandersetzen, die Pessimisten aufmuntern, die Unzufriedenen davon abhalten, die Atmosphäre zu vergiften, Langeweile und Erschöpfung bekämpfen, Ordnung und Fortschritte in einem chaotischen Umfeld schaffen und mit knappen Ressourcen auskommen. Es gelang ihm, Geschäftsprozesse zu managen und Menschen zu führen.[29]

Shackleton bewies eine auf die Zukunft fokussierte Energie, eine ruhige, maßvolle Entscheidungsfähigkeit, ständige Zuversicht und die Gabe, andere mitzureißen.[30] Es bringt nichts, ihn als modernen Helden zu stilisieren, aber er kann uns einen interessanten Weg weisen.

Erteilen Sie Shackletons Leadership aus vergangener Zeit für Ihre Zukunft ein Mandat.

Historische Leadership-Fähigkeiten sind heute Gegenstand der Wissenschaft.

Leadership erforschen

Leadership wird nie eine exakte Wissenschaft sein.[31] Von diesem Bild werden wir uns verabschieden müssen. Dies enthebt uns aber nicht der Aufgabe, die Grundlagen von Leadership zu erforschen.

Nancy Koehn, Professorin an der Harvard Business School, entwickelte zu Shackleton eine Fallstudie[32] mit dem Thema „Leadership in Krisenzeiten“. Wie er das gemacht hat, was er tat, ist aufschlussreich. Ein Teil von dem, was ihn ausmacht, ist, in Momenten größter Unsicherheit durch Krisen zu führen. Immer und immer wieder musste er den Kurs und das Ziel anpassen, so wie es gute Leader im Alltag tun müssen. Shackleton ist ein erstklassiger Maßstab dafür, wie man führt, wenn das Fundament auf unsicherem Grund steht. Gute Führungskräfte können das.

Menschen und Organisationen werden nicht zwingend an dem gemessen, wodurch ihre Krisen ausgelöst werden, sondern vielmehr daran, wie sie mit ihren Krisen umgehen.

Forschungsarbeiten verdeutlichen, dass Shackleton in Krisensituationen ruhig blieb und nach außen kein Anzeichen von Niedergeschlagenheit zeigte. Er erklärte die Gefahren und Probleme genau, blieb optimistisch und sorgte dafür, dass die Männer so gut wie möglich auf die Herausforderungen vorbereitet waren.
Shackleton wählte seine Mannschaftsmitglieder weniger nach Erfahrung aus, sondern legte sein Augenmerk auf Temperament und Charakter. Er suchte Menschen mit mehreren Talenten, weil er an sie glaubte. Shackleton ließ keinen Zweifel daran, wer wofür zuständig war, und hielt die Moral seiner Leute hoch. Über einen Bewerber erfuhr er, dass dieser gern Alkohol trank. Shackleton schloss ihn jedoch nicht aus, weil er wusste, dass dieser Mann unter Einsatz seines Lebens zwei Expeditionsmitglieder von Scott gerettet hatte. Während dieser tagelangen Rettungsaktion hatte der Mann gar nichts gegessen oder getrunken.
Probleme rückte Shackleton nicht in den Vordergrund, er zeigte unaufhörlich seine mutige Seite. Seine unermüdliche gute Laune war ausschlaggebend. Als grenzenloser Optimist schien er auf das jeweils eintretende Szenario gut vorbereitet. Für die einzelnen Zelte bestimmte er Leader. Er wusste, dezidiertes und tatkräftiges Führungsverhalten würde die Moral verstärken und Streit reduzieren oder gar vermeiden.[33]
Shackleton erschien seinen Zeitgenossen als bedeutender Leader. Nachfolgende Generationen von Studenten, Führungskräften, Regierungsmitgliedern und Bürgern sehen in ihm einen besonderen Menschen, der unter größten Bedrohungen Unmögliches möglich machte.

Aktuelle Bedrohungsszenarien

Shackleton musste sich vor allem mit äußeren Widerständen wie Wetter und Eisdrift, Nahrungsknappheit und Isoliertheit befassen. Er hatte jedoch rechtzeitig dafür gesorgt, eine loyale Mannschaft

hinter sich zu haben. Andere kämpften zudem mit inneren Widerständen, die sie teilweise sogar selbst durch ihr Führungsverhalten provozierten. Da ergab dann eines das andere. Diese Kombination aus äußeren und inneren Widerständen entwickelt sich auch heutzutage für viele zur unüberwindbaren Hürde.
Die Belegschaften heutiger Organisationen, selbst wenn diese in einer kritischen Situation sind, müssen natürlich nicht um ihr Leben fürchten. Doch um das wirtschaftliche Überleben müssen heute immer mehr Menschen bangen. Der Niedergang eines Unternehmens zieht weitreichende persönliche Konsequenzen für viele nach sich und der drohende Zusammenbruch eines ganzen Landes sprengt unsere Vorstellungskraft. Das Bedrohungsszenario von damals ist naturgemäß nicht eins zu eins umlegbar auf heute, die Furcht des Scheiterns hingegen belastet aktuell viele. Das Misslingen ist allgegenwärtig. Gerade deswegen ist es bedeutsam, wie man in Krisen einen kühlen Kopf bewahrt und seine Mannschaft oder die gesamte Organisation rettet. Ebenso bedeutsam ist, wie Leader heute ein Unternehmen „nahe an Shackleton“ führen.

Shackleton heute – eine reale Begebenheit

Der Seniorchef der Tischlerei Schober aus dem Salzburger Land ist eine Ermutigung dafür, dass Shackletons Werte heute weiterwirken. Die Tochter von Hans Schober hat mir dies verdeutlicht: „Shackleton wurde von allen immer ‚Boss' genannt. – Als ich diesen Satz bei Ihrem Vortrag gehört habe, wusste ich sofort, dass er und mein Vater vieles gemeinsam haben." Seine Leadership-Fähigkeit lässt sich folgendermaßen skizzieren:
Gut zu den Mitarbeitern sein: Als Chef sorgt er dafür, dass jeder, auch ein Lehrling, mit Respekt behandelt wird und viel lernt. Jeder einzelne Mitarbeiter ist ihm nach seiner Ausbildung treu geblieben und arbeitet noch heute gerne für das Unternehmen.

Die besonderen Fähigkeiten: Jeden Menschen setzt Herr Schober gemäß seinen Begabungen ein und findet Anerkennung für das Spezielle, das derjenige eben kann. Als Leader erkennt er stets die Wichtigkeit von Humor und legt Wert auf Ehrlichkeit und Respekt, Teamgeist und Betriebsklima.
Mit gutem Beispiel vorangehen: Als Führungskraft hat er sich nie darum gekümmert, für sich Privilegien einzufordern. Wenn schweres Holz angeliefert wird, packt er mit an, er arbeitet in einem einfachen Büro und wie die Tischler in der Werkstatt. Mit diesen macht er gemeinsam Pause, feiert, verbringt den jährlichen Skitag und unterstützt und kennt sie auch privat.
Mutig sein und schwierige Zeiten überstehen: Als Chef ist er hineingewachsen in die Verantwortung. Seine Stärke liegt darin, mit Geschichten über Schwierigkeiten, die er im Leben überwunden hat, seine Mitmenschen zu begeistern und sie zu motivieren, selbst über sich hinauszuwachsen.
Verantwortungsvolles Handeln: Als Leader fühlt er sich ganz persönlich für jeden seiner Mitarbeiter verantwortlich. Er hat es selbst früher nicht leicht gehabt und blieb stets motiviert, es besser zu machen. Diese Motivation ist von Erfolg gekrönt.
Dieses konkrete Beispiel mag ab einer bestimmten Mitarbeiterzahl kaum noch machbar sein, ist aber für kleine und mittlere Unternehmen eine Ermutigung.

Leadership morgen

Wenn die europäische Industrie Shackletons
Leadership als Vorbild predigen würde,
wäre sie auch in zehn Jahren weltweit führend.[34]
– Reinhold Messner

Das Thema Leadership hat seit jeher Gültigkeit und wird nie an Relevanz verlieren. Führen mit Mut bedeutet, volle Verantwortung für Menschen zu übernehmen, ohne Wenn und Aber.

Der Mensch ist und bleibt der Mittelpunkt allen Handelns.

Als ob nichts geschehen wäre

Der Wandel brachte und bringt uns über die Zeiten voran. Für die einen ist dies leicht zu verstehen und schwer zu ertragen, für die anderen schwer zu verstehen und leicht zu ertragen. Manche Menschen in Führungsverantwortung verhalten sich so, als wäre nie etwas passiert. Als gäbe es keine Erkenntnisse zu den Themen Personalführung, Organisationspsychologie und Leadership. Einige Unternehmenslenker negieren den Umstand, dass heute anders ausgebildete und sozialisierte Menschen gemeinsam in einer globalisierten Welt für etwas Größeres tätig sind. Als wüssten wir nichts über die heranwachsende Generation und die Erfordernisse der Zeit. Sich nicht so zu verhalten und Realitäten nicht zu negieren ist der erste Schritt zu mehr Leadership für morgen.

Was unterscheidet Leadership von Management?
Gibt es Beziehungen zwischen beiden Begriffen?
Brauchen wir mehr Leadership und weniger Management?

Der Leadership-Begriff

Mit Monokulturen von Managern werden wir nicht weiterkommen.[35]

– Lars Thomsen

Unbestritten brauchen wir mehr Leadership. Denn wer führt, gewinnt!

3.

Leadership umfasst viele Zuschreibungen und Wesensmerkmale, die eine glaubwürdige Führungspersönlichkeit ausmachen. Leadership muss man immer im Kontext sehen – organisatorisch, ökonomisch, unternehmensphilosophisch und menschlich. Leadership ist nicht allein an der Spitze, sondern auf allen Verantwortungsebenen erforderlich. Nur dadurch wird eine gemeinsame Sicht der Gegenwart und der Zukunft mit allen Organisationsmitgliedern aufgebaut.

Was bedeutet eigentlich Leadership?

Als Erfinder des Begriffs gilt manchen John P. Kotter, der 1982 den Unterschied zwischen einem Manager und einem wahren Leader erläuterte. Schon 1977 erschien in der *Harvard Business Review* ein Artikel von Abraham Zaieznik. In „Managers and Leaders: Are They Different?“ hob er die Unterschiede im Handeln hervor. Tom Peters und Nancy Austin kamen zur Einsicht, unsere Organisationen seien „overmanaged“ und „underled“. Es gebe also zu viele Bürokraten und zu wenig mitreißende Leader.[36] Ein bürokratisches Unternehmen ohne Vision kann kurzfristig Erfolg haben, wird aber mittelfristig Probleme bekommen. Wenn Leader aber Menschen mitreißen, sind Ziele realisierbar.

Leadership bedeutet die Fähigkeit, Menschen und Ereignisse zu beeinflussen. Also Menschen anzuregen und sie zu inspirieren, sich freiwillig und begeistert für gemeinsame Ziele einzusetzen.

Leadership ersetzt herkömmliche Führungsansätze von Belohnung und Bestrafung, Kontrolle und Überprüfung durch Innovation, persönliche Stärken und Überzeugung.[37] Leadership wird oftmals als der professionelle Umgang mit den weichen Faktoren im Management begriffen.

Das perfekte Rezept für eine Führungskraft gibt es nicht. Die zentrale Haupteigenschaft ist Sensibilität.

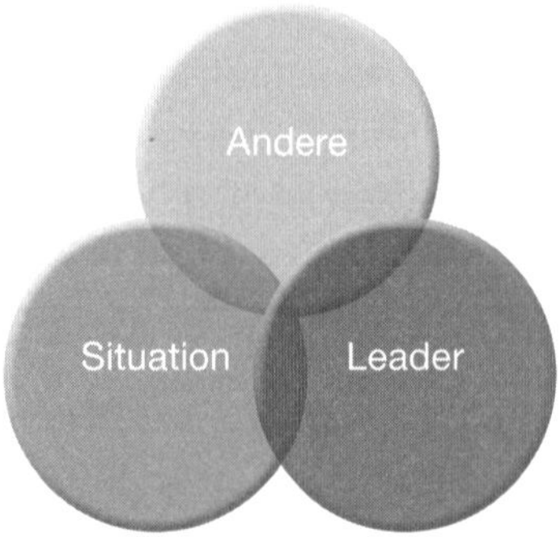

Leadership-Handlungen erfordern Sensibilität.

Durch Sensibilität gelingt die Verbindung dreier wesentlicher Bereiche:

1. Andere Personen, also Kollegen und Mitarbeiter
2. Die Situation, also die unternehmerischen Rahmenbedingungen
3. Der Leader selbst

Das ist eigentlich ziemlich einfach, wie sich an einer Geschichte aus North Carolina darstellen lässt. Nach einer sehr harten Woche müssen alle Mitarbeiter eines Holzfällerbetriebs am Freitag noch einmal Höchstleistungen erbringen. Schlechtes und sehr kaltes Wetter, Probleme mit der Ausrüstung und mit der Kommunikation haben für schlechte Stimmung und Ergebnisse gesorgt. Jeder einzelne verdient in so einer Woche natürlich auch weniger. Vor der angekündigten Morgenbesprechung stehen die Mitarbeiter frierend im Wald. Einer meint, vielleicht bringt uns der Boss Frühstück mit heißem Tee und Kaffee?

Doch der ankommende Chef steigt aus dem Auto und erteilt bloß Anweisungen und Vorgaben. Er verabsäumt eine kleine Geste, bei der die Menschen auftauen würden. Innerlich wie äußerlich.
„Leadership“ wird als Begriff in den letzten Jahren zunehmend populär. Oft benutzt man „Leadership“ als Synonym für „Führung“ oder auch „Management“. Leadership ist aber mehr. Leadership meint, die Menschen zu emotionalisieren und eine gewisse Verbundenheit zu bewirken. Leadership ist nicht das Arbeiten *im* Organisationssystem, sondern das Arbeiten *am* Organisationssystem.
In der Fachliteratur gibt es Diskussionen über den Leadership-Begriff. Für manche gehört er zu den gefährlichen Wörtern, die man, wegen der Gefahr der Hochstilisierung zum „charismatischen Anführer“, vermeiden sollte. Leadership legt den Fokus auf die Persönlichkeit. Beim Management-Verständnis geht es mehr um die Funktion, die Rolle und die Aufgaben. Leadership ist die Fähigkeit, eine Richtung zu geben, ohne sie autoritär vorzugeben. Das ist ein wesentliches Unterscheidungskriterium zum Management.

Leadership versus Management

Viele verwechseln heute Management mit Führungskunst. Dabei erreicht jemand, der gut führt, nicht nur, dass die Mitarbeiter ihre Aufgaben ausführen, sondern auch, dass sie ihn unterstützen wollen.
Die Diskussion über Leadership und Management scheint unvermeidbar. Indes kann es nur Ziel sein, diese ohne ideologische Schlagseite zu führen. Für den einen mag das, was Leadership von Management trennt, ein schmaler Grat sein. Ein anderer hingegen sieht dabei unüberwindbare Gräben.

Unser Wirtschaftssystem hat großartigen Managern mit funktionalen Kompetenzen viel zu verdanken. Es besteht auch die Ansicht, dass Management relativ gut gelernt werden kann, Leadership jedoch mehr den Persönlichkeitsaspekt des Leaders betont. Oft sind Manager und Leader nicht zwei getrennte Personen, sondern wünschenswerte Verhaltenseigenschaften einer einzigen Führungskraft.

Die Bandbreite des Verhaltens unterscheidet

Management ist auf die rein funktionale Unternehmensebene ausgerichtet. Wie gelingt es uns effizient, die täglich relevanten Dinge abzuarbeiten? Leadership beschäftigt sich mit der übergeordneten Ebene. Passt die Ausrichtung? Welche Ziele wollen wir auf welchen Wegen realisieren?

Das Führungsverständnis des Managers wird häufig mit Delegation beschrieben. Das Leadership-Verständnis finden wir im vorbildlichen Vorangehen.

Vereinfachend ausgedrückt hat der Manager Untergebene, während der Leader von Unterstützern umgeben ist. Hier sei der historische Bezug zu Scott mit seinen ihm unterstellten Helfern und Shackleton mit seinen motivierten Begleitern erwähnt.

Unter Management versteht man Einzelpersonen oder Gruppen von Führungskräften, die anderen Personen Weisungen erteilen dürfen. Ein Manager soll unter Einsatz verschiedener Methoden und Werkzeuge Probleme lösen, er optimiert dabei aber oft nur Bestehendes.

Der wichtigste Bestandteil von Leadership ist es, das Kommende zu antizipieren und eine Veränderung herbeizuführen. Der Leader hat eine fortschrittliche Einstellung – er will nicht verwalten, er will gestalten. Dies macht deutlich, dass die Kompetenzen, die von einem Leader erwartet werden, die eines Managers an Weitsicht, Mut und strategischem Gespür übersteigen.

Beide, Management und Leadership, sind von großer Bedeutung. Ohne Frage bringt uns Leadership weiter.

Nur wer führt, gewinnt!

Leadership soll den Begriff des Managements nicht ersetzen, sondern erweitern.

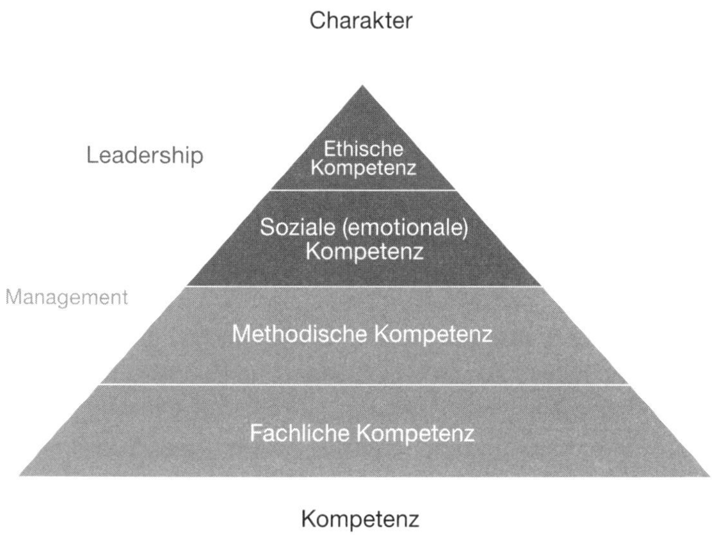

Management als fachliche und methodische Kompetenz. Darauf aufbauend erschließt Leadership die soziale und ethische Kompetenz.[38]

Management gestaltet vorrangig Pläne, Prozesse und Budgets. Leadership gestaltet vorwiegend ein sinnhaftes und erstrebenswertes Bild von der Zukunft.
Bei zu vielen Visionären, die sich als Leader sehen, besteht die Gefahr, dass sie Managementaufgaben vernachlässigen. 250 Füh-

rungskräfte eines Konzerns nahmen eine Selbsteinschätzung vor. Das Ergebnis: Fast 90 Prozent von ihnen sahen sich selbst primär als Leader. Zudem betrachteten sie das Entwickeln von Zukunftsvisionen als ihre Kernaufgabe und zentrale Fähigkeit. Angesichts dieses eindimensionalen Führungsverständnisses war es verständlich, dass die Unternehmensspitze über gravierende Qualitätsprobleme klagte. Bei Projekten wurden die definierten Ziele nicht erreicht. Warum? Niemand fühlte sich dafür verantwortlich.[39] Nicht jeder Manager muss ein Visionär sein, nicht jeder muss Veränderungen schaffen.

Die Unterschiede zwischen Leadership und Management

Das zweite Kapitel hat verdeutlicht, dass historische Führungspersonen stellvertretend für völlig unterschiedliche Arten der Menschenführung stehen. Die Unterscheidung in Ergebnisorientierung und Menschenorientierung bietet dabei eine interessante Einsicht. Ergebnisorientierung bedeutet die Fokussierung des Verhaltens und der Kommunikation auf Ergebnisse und Resultate. Die Menschenorientierung steht für das Maß, in dem die Führungskräfte ihr eigenes Handeln reflektieren. Empathie ist hierzu eine Grundvoraussetzung.

Was genau ist der Unterschied zwischen Manager und Leader? das *Wall Street Journal*[40] bietet dazu folgende Antworten:

Manager	Leader
Der Manager verwaltet.	Der Leader ist innovativ.
Der Manager bewahrt.	Der Leader entwickelt.
Der Manager konzentriert sich auf System und Struktur.	Der Leader konzentriert sich auf die Menschen.
Der Manager verlässt sich auf Kontrolle.	Der Leader schafft Vertrauen.
Der Manager hat eine kurzfristige Sichtweise.	Der Leader hat eine langfristige Perspektive.
Der Manager macht die Dinge richtig.	Der Leader macht die richtigen Dinge.

Die grundsätzliche Trennung von *gutem* Leadership und *schlechtem* Management ist in ihrer Stringenz zu hinterfragen. Im Alltag lässt sich meist nicht klar zwischen Leader und Manager unterscheiden. Faktisch muss jede Führungskraft diese Typen oder Rollen in sich vereinen. Zu begreifen, dass visionäres Leadership und perfektes Management Hand in Hand gehen können, bleibt der Schlüssel zum Erfolg.

Natürlich kommunizieren viele Manager mit ihren Mitarbeitern und führen dadurch. Und genauso selbstverständlich treffen Leader Managemententscheidungen. Einem Leader ohne Managementfähigkeiten bleibt bald die Luft weg, einem Manager ohne Leadership-Fähigkeiten fehlt die Richtung.[41] Für gute Führungskräfte ist eine Mischung aus beiden Fähigkeiten erstrebenswert. Richtige Führungsentscheidungen machen das Management einfacher.

Wir können Leader und Manager auch aus der Sichtweise ihrer Gefolgschaft betrachten. Ein Leader hat eher Anhänger und ein

Manager hat eher Untergebene. Der Unterschied liegt darin, dass ein Leader die autoritäre Kontrolle der Vorgänge abgibt. Die Anhänger folgen auf freiwilliger Basis. Die Lösung erreicht niemand durch eine Befehlsausgabe, sondern durch charismatische Führung und Unterstützung.

Ihren Ursprung findet die Trennung von Leadership und Management in der transformativen und transaktionalen Einordnung. Der Leader ermutigt und unterstützt transformativ, er hat ein ehrliches Interesse an seinen Anhängern. Der transaktionale Fokus des Managers liegt auf der Abarbeitung der Dinge.

Transformatives Leadership-Verständnis berücksichtigt die Werte und Normen der Mitarbeiter. Ihre Wünsche, Bedürfnisse und Präferenzen können verändert werden. Der Leader ist Vorbild für Leistung und Ergebnisorientierung und spornt die Mitarbeiter an.[42]

Die transaktionale Managementphilosophie geht davon aus, dass Führungsbeziehungen auf der Grundlage von Leistungen und Gegenleistungen, also Transaktionen, basieren. Manager sorgen für eine enge Übereinstimmung zwischen ihren Erwartungen an die Mitarbeiter und deren Belohnungen.

Transformationale Leader kommunizieren die Sinnhaftigkeit von Veränderungen. Transaktionale Manager führen analytisch, sachlich und distanziert. Sie konzentrieren sich eher auf die Prozesssteuerung, Maßnahmenumsetzung und Ergebniskontrolle.[43] Beachtlich ist bei aller Analysefähigkeit von Managern immer, wie viel Zeit sie den aktuellen Zahlen einräumen. Doch Zahlen berichten ohnehin nur von der Vergangenheit. Wer nur aufgrund der harten Faktenlage entscheidet, ruiniert oft das Unternehmen.

In den letzten beiden Jahrzehnten wurde mehr zu transformationaler und charismatischer Führung geforscht als zu allen anderen Führungstheorien zusammen.[44] Diese Forschungsergebnisse bestätigen, dass empathische und charismatische Leader höhere Motivation und Leistungsfähigkeit bewirken als kühle und technokratische Manager.

„Soft Skills“ und „Hard Skills“

Die sogenannten „Soft Skills“ sind „weiche“ Leadership-Fähigkeiten, die die zwischenmenschlichen Beziehungen regeln. Motivierte Mitarbeiter arbeiten dadurch selbstständig über ihre Eigeninteressen hinaus.
Der Manager als Kämpfer mit „Hard Skills“ entbehrt jeder menschlichen Komponente. Er sieht in den Mitarbeitern vorrangig Funktionsträger. Doch Wertschätzung und Empathie sind heute kritische Erfolgsmomente. Wer andere Personen nicht auch menschlich überzeugt und begeistert, dem nützen die besten Fachkenntnisse wenig.
Die Wissenschaft weiß immer mehr über die Bedeutung der weichen Fähigkeiten, träge dagegen ist ihre praktische Anwendung im Alltag. Was passiert, wenn die Menschen die emotionale Intelligenz und Kompetenz nicht in ihre täglichen Verhaltensweisen einbeziehen? Ganz einfach. Für ein geringes Maß dieser emotionalen Fähigkeiten in einer Organisation muss diese unausweichlich einen hohen Preis bezahlen. Sie kann dabei auch wirtschaftlich abstürzen und zugrunde gehen.
Ein guter Leader dient den Eigenarten vieler. Für emotional intelligente Führungskräfte ist es leichter, gute Mitarbeiter zu finden und zu halten. Leader brauchen eine tiefe innere Wertschätzung den Menschen gegenüber. Das Mitgefühl macht einen Leader aus, er hat eine empathische Einstellung und übernimmt humane Verantwortung. Leader erschaffen eine Umwelt, in der sie selbst und andere sich wohlfühlen können. Im Kern unterscheiden sich Leadership und Management genau dadurch.

Die Quintessenz

Sowohl Management als auch Leadership sind von großer Bedeutung. Doch heute benötigen wir vor allem Leadership.

Unternehmerisches Handeln können wir reduzieren auf: Menschen, Produkte, Profite. Die Menschen stehen an erster Stelle. Wer kein gutes Team hat, beschränkt sich selbst.

Ein weites Feld

Als vereinfachender Ansatz hilft ein Blick auf extreme Situationen, um dadurch exakt unterscheiden zu können. Die Besteigung hoher Berge bietet zur Wirtschaft eine ganze Reihe semantischer Parallelen: den Karrieregipfel, die Seilschaft zum Erfolg, die unentbehrlichen Helfer, die eisernen Rationen, auch das Agieren am Limit. Dazu gesellt sich der Gedanke der effizienten Logistik am Berg und in der Wirtschaft.

Mit wem möchten wir auf einen Berg steigen? Mit einem Berg-Manager, der die Route anordnet, die Aufstiegsdaten austeilt, unsere Abmarschzeit und Ausrüstung bestimmt, jede Trinkpause plant, rücksichtslos sein Aufstiegstempo einhält und die Aufenthaltsdauer am Gipfel festlegt, auch wenn er selbst noch nie oben war?

Oder wären wir lieber mit einem Berg-Leader unterwegs? Der vorangeht oder hinter uns absichert, der erklärt, warum wir diese oder jene Route wählen, der fragt, ob jemand eine Pause braucht, der uns für den Gipfel als Ziel begeistert, diesen jedoch nicht um jeden Preis anstrebt.

Ein Leader kann von seiner Mannschaft während des Unternehmens zur Rede und infrage gestellt werden. Hinterher nur, wenn er gescheitert ist. Der Erfolg gibt ihm recht.[45] Erfolge haben immer etwas mit Effektivität und Effizienz zu tun.

Mal effektiver Leader, mal effizienter Manager?

Welche Bereiche sind eher dem Leadership oder dem Management zurechenbar?

1. Persönlichkeit: Ein Unternehmen ist immer ein Abbild des Menschen, der führt.
2. Ziele und Kundennutzen: Die Unternehmensziele und den Kundennutzen auf dem besten ethischen Weg zu erreichen ist die eigentliche Leader-Aufgabe.
3. Organisation: Eine Domäne des Managements. Hier gilt das Prinzip der Einfachheit. Ein schlankes Unternehmen wirkt sich direkt auf den Gewinn aus.
4. Menschen: Die Fähigkeit des Leaders bezieht sich vor allem auf den Umgang mit den Menschen. Also sie zu befähigen, Spitzenleistungen zu erbringen.
5. Steuerung: Steuerung ist eine Managementfähigkeit und doch ist es sinnvoll, die Mitarbeiter in diese Aufgaben zu integrieren. Das ist der Schlüssel zu einem Spitzenunternehmen.[46]

Die Effektivität des Leaders ist ein Maß für die Zielerreichung. Die Effizienz des Managers ist ein Maß für die Wirtschaftlichkeit. Führungskräfte, die ihre Verantwortung nicht wahrnehmen, erreichen oftmals Unerwünschtes, die Organisation verliert an Geschwindigkeit und Effizienz und irgendwann bleibt das Unternehmen stehen.
Leader sind von einer Sache überzeugt, ohne sie stur zu verfolgen. Sie lassen sich nicht durch Rückschläge vom ursprünglichen Ziel abbringen, erfassen aber die Sinnlosigkeit eines aussichtslosen Unterfangens. Leader erkennen und beschreiten den lohnenden Weg.

Nur Leadership …

Nur Leadership kann die unternehmerische Trägheit überwinden. Nur Leadership kann zu Handlungen motivieren, die notwendig sind, um Verhaltensänderungen herbeizuführen. Nur Leadership kann die Unternehmenskultur nachhaltig verankern.[47] Das aber ist ein weites Feld.

> **Wir brauchen mehr Leadership und weniger Management.**

Was macht Leadership so einzigartig?
Lassen sich Menschen managen?
Welche Bedeutung haben Emotionen für die Leistung?

Wozu Leadership?

Wir wären überall hingegangen, ohne zu fragen, nur auf seine Anweisung hin.[48]

– Shackletons Begleiter

4.

Wozu Leadership? Vielleicht deswegen, weil Leader, die in der Lage sind, ihre Ideen und Vorschläge anderen glaubhaft zu machen, Einfluss und Vorsprung gewinnen? Vielleicht deswegen, weil eine mangelnde Leader-Fähigkeit die Ergebnisse limitiert? Oder vielleicht deswegen, weil unsere Gesellschaft und der mit ihr einhergehende Wandel ohne Zweifel neue Führungsqualitäten erfordern? Wenn Führungsverantwortliche andere Menschen regelmäßig übervorteilen und sich in der Kunst der Schuldzuweisung üben ... wenn sie niemals genügend Zeit geben und nur möglichst laut Anweisungen austeilen ... wenn sie Druck ausüben, anderen ihre Meinung aufzwingen und ziellos agieren:
Dann verhallt die Frage „Wozu Leadership?“ ungehört.

Führen wird nie mehr so sein, wie es einmal war

Wir wissen spätestens seit den Hawthorne-Studien in den 1920er-Jahren, dass soziale Faktoren die menschliche Arbeitsleistung enorm prägen. Die Untersuchungen in den Hawthorne-Werken gelten als Geburtsstunde der Human-Relations-Bewegung. Als Hauptergebnis bleibt, dass die menschlichen Beziehungen im Unternehmen bedeutsam für das Arbeitsverhalten der Beschäftigten sind. Die Versuchsleiter und Mitglieder der Geschäftsführung hatten viel Kontakt mit den Probanden. Die Beachtung und Aufmerksamkeit, die den Arbeitskräften geschenkt wurden, waren für ihre Arbeitszufriedenheit und Arbeitsmotivation entscheidend. Es wurde klar, dass eine effiziente Organisations- und Mitarbeiterführung nicht ohne Beachtung der sozialen Dimension zu erzielen ist.
Wenn Leader heute Interesse an den Mitarbeitern haben, offen kommunizieren und selbst bereit sind, das zu tun, was sie von den Menschen im Unternehmen erwarten, dann befinden sie sich auf dem richtigen Weg.

Einige Führungsverantwortliche dürften, entgegen allen Erkenntnissen, ihr „Wissen über Führung“ aus grauen Vorzeiten herübergerettet haben und noch daraus beziehen. Doch die Führungsrolle hat sich in den letzten Jahrzehnten grundlegend gewandelt und wird sich ohne Zweifel weiter ändern. Auch wenn dies manche beharrlich verweigern.

Die Nachkriegsgeneration führte und prägte im militärischen Stil. Selbst Bundeskanzler bezeichneten sich als „diktatorisch mit demokratischem Einschlag“.

In den 1950er- und 1960er-Jahren dominierten Firmenpatriarchen. Autorität und eine klare Hierarchie prägten das Bild. Das zugrunde liegende Handlungsmuster war Aufgaben verteilen, Anweisungen geben und Ergebnisse kontrollieren. Der allwissende Vorgesetzte war Experte für alles und jedes, zog die Fäden und duldete kaum Widerspruch. Die 68er-Bewegung zog die patriarchalische Führung in Zweifel. Parallel zum politischen Wandel vollzog sich ein wirtschaftlicher. Die immer komplexeren Aufgaben ließen sich nicht mehr so leicht anweisen, sie erforderten mehr Eigenverantwortung und selbstständiges Handeln.[49]

Autoritäre Führung funktioniert im Hinblick auf die tief greifenden gesellschaftlichen Entwicklungen immer schlechter und ist zum Scheitern verurteilt. Zum Glück. Ein junges, dynamisches Team kann mit Härte und Willkür nichts anfangen. Frühere Generationen haben aus ihrer Erfahrung gelernt. Durch die Nachwirkungen der beiden Weltkriege sind Frieden und Sicherheit, Leistung und Fleiß sowie Sparen zu zentralen Werten aufgestiegen. Es ist aber für spätere Jahrgänge ungleich schwieriger, durch bloße Erkenntnis zu solchen Einsichten und Werten zu gelangen. Junge Menschen sind völlig konträr sozialisiert und anders ausgebildet als jene, die aktuell Führungsverantwortung tragen. Eine neue Generation lässt sich nicht in Zwänge pressen. Die Menschen sind heute kritischer, mündiger und in hohem Maße wertegewandelt. Sie haben Wünsche, zu denen sie klar stehen: Mobilität, Freizeit, Familie, Freunde, Sport, Kultur, Chillen, Teilzeitarbeit oder zu Hause arbeiten.

Die Generation Y in einen ihr gerechten Arbeitsprozess zu integrieren wird eine der ganz großen Herausforderungen, der sich namhafte Organisationen schon jetzt stellen.[50] Ein Teil der Mitarbeiter sucht stärker als je zuvor die Herausforderung, während ein anderer Teil sich auf eine freizeitorientierte Schonhaltung zurückzieht. Die veränderte Sozialisation verändert ihrerseits die Arbeitswelt und schafft neue Gegebenheiten. Grund genug, dass Leader hier individuell ansetzen.

Was macht Leadership so einzigartig?

- Mit Leadership verschaffen Sie sich klare Wettbewerbsvorteile: Wettbewerbsvorteile erster Ordnung wie Innovation, Qualitätsvorsprung und eine starke Marke sowie Wettbewerbsvorteile zweiter Ordnung, die auf die Begeisterung und Beteiligung der Mitarbeiter setzen und Ihr Alleinstellungsmerkmal entstehen lassen.[51]
- Sie heben Ihre Organisation auf ein neues Niveau: Mittelmäßige Führung dient niemandem. Als Leader positionieren Sie Ihre Organisation in Ihrer Branche abseits der toten Mitte.
- Sie nutzen die riesige Macht der Unternehmenskultur: Sie trauen Ihren Mitarbeitern etwas zu und schaffen eine ideale Arbeitsatmosphäre. Ihnen ist als Leader bewusst, dass eine Weihnachtsfeier und ein Sommerfest nicht ausreichen, damit sich Mitarbeiter wohlfühlen.
- Ihre Organisation spart massiv Kosten ein: Die Mitarbeiter sind motivierter und bleiben Ihnen erhalten – Stellenwechsel sind sehr teuer.
- Der entscheidende Schlüssel zu Ihrer Attraktivität als Arbeitgeber sind Sie und Ihre Führungskräfte: So ist einer der Hauptfaktoren für eine Kündigung – oder eben Nichtkündigung – der direkte Vorgesetzte.

- Leadership ist Ihr Weg zur Mitarbeiterbindung: Leadership spielt die entscheidende Rolle, inwieweit sich Mitarbeiter engagieren und an das Unternehmen binden.
- Sie lösen die Problematik, dass gute Leute knapp sind und zusehends knapper werden: Ihre Organisation integriert junge Menschen in das Arbeitsleben und schafft für ältere Arbeitnehmer ein attraktives Umfeld. Sie erschließen sich somit zwei bedeutende Potenziale.
- Sie wissen, dass Zahlenziele allein nicht ausreichen, um eine Organisation voranzubringen: Andere fordern weiterhin, die Ziele jedes Jahr zu erhöhen und sie mit weniger Leuten zu erreichen. Doch nicht die billige Arbeitskraft, sondern der intelligente, motivierte und verantwortungsbewusste Mensch ist Ihre Antwort auf die globalen Herausforderungen.
- Ihre Kommunikationsfähigkeit entscheidet: Empathisches Verständnis, sprachliche Eloquenz, logisches Argumentieren und die Gabe, Dinge auf den Punkt zu bringen, heben Sie von der Masse der Führungskräfte ab.
- Als Leader beanspruchen Sie keine Sonderposition, sondern führen möglichst hierarchiefrei als Erster unter Gleichen: Mit dieser Haltung können Sie sich das Leistungsvermögen aller Menschen in der Organisation erschließen.
- Ihre wertschätzende Führung ermöglicht Spitzenleistungen: Das Wichtigste für Menschen ist die Anerkennung und Wertschätzung durch ihren Vorgesetzten. Dafür verzichten Mitarbeiter auf mehr Geld oder Statussymbole.
- Wir steuern auf eine humane Revolution zu: Die politischen und wirtschaftlichen Zentrifugalkräfte wirbeln uns von einer Missachtung des Humanismus zur nächsten. Die technischen Revolutionen sind allgegenwärtig und bis zur Perfektion gereift. Jetzt geht es um die menschliche Dimension. Nur damit können Sie sich als Leader distanzieren und positionieren.
- Sie bieten als Leader Sinn: Damit erweitern Sie klassische Management- und Führungsansätze wesentlich. Emotion

und Leidenschaft der Mitarbeiter sorgen für den Unterschied in der Leistungsbereitschaft.

Die heutige Unternehmenswirklichkeit stellt an die sozialen und personellen Kompetenzen der Führungskräfte hohe Anforderungen. Je besser Leader die psychologischen Bedingungen des miteinander Umgehens kennen und leben, desto effektiver sind sie.

Die emotionalen Gegebenheiten bestimmen die Leistung enorm.

Alle betrieblichen oder organisatorischen Probleme sind letztendlich auf menschliche Probleme zurückzuführen.
Wir müssen uns bewusst sein, dass es Menschen sind, die führen und Ziele setzen. Erfolg oder Misserfolg sind das Ergebnis von Entscheidungen. Unternehmen sind nicht naturgegebene, sondern bewusst von uns geschaffene Gebilde.[52] In diesen Gebilden braucht es Menschen, die erfolgreiche Wege aufzeigen und vorgehen.
Leader wissen, dass Erfolg nie endgültig ist. Alle müssen gemeinsam ihr Bestes geben. Ein Leader postuliert nicht bloß eine Ergebnisgarantie, er wird mehr schaffen, Menschen anregen, sie einbinden und alle Beteiligten an ihrer jeweiligen Aufgabe wachsen lassen. Erfolg ohne Erfüllung können wir als Misserfolg bezeichnen. Leader wissen, dass sie das Ziel nicht um jeden Preis anstreben dürfen. Oft sind die halben Sachen die ganzen.
Erfolg beruht zu 85 Prozent auf persönlichen Kompetenzen und nur zu 15 Prozent auf fachlichen Kompetenzen.[53] Leadership selbst beruht auf charakterlichen und charismatischen Fähigkeiten. Reines Fachwissen ist dagegen nur marginal beteiligt. Die Erfolgswahrscheinlichkeit steigt, wenn ein Klima herrscht, in dem alle daran glauben, dass ihr Tun zum Gelingen beiträgt.

Leader schöpfen die Potenziale ihrer Mitarbeiter und ihres Unternehmens aus, ohne sie zu erschöpfen.

Wir können Menschen nicht managen

Wer meint, Menschen managen zu können, wird sie verlieren.[54]
Menschen lassen sich nicht wie Rohstoffe oder Kapital managen, sie sind nicht als willenlose Objekte organisierbar und schon gar nicht mit Kennzahlen kontrollierbar. Menschen können nicht beliebig an- und ausgestellt, erweitert oder stillgelegt werden, wenn sie nicht den Anforderungen genügen.
Es mag für manche unfassbar klingen, dass sich Menschen nicht managen lassen. Doch diese Unfassbarkeit weicht schnell der Logik und Einsicht. Darum wäre auch eine Aufzählung von Methoden und Führungsstilen wie patriarchalisch, laissez-faire, autoritär, situativ, delegierend und vielen anderen nicht zielführend. Die Führungswelt ist übervoll von Unterscheidungen, Erkenntnissen und Methoden dazu. Vieles davon ist weder neu noch überraschend noch überzeugend.
Wir brauchen keine neuen Konzepte, die vorgeben, Menschen zu managen. Wir dürfen auch nicht die Methoden von gestern prolongieren. Wirksames Handeln lässt sich nicht an theoretischen Modellen lernen.
Technokratisches Management ist durch schriftliche Anweisungen, die Ausgabe von Arbeitsplänen und Zielvorgaben möglich. So eine kommunikative Einbahnstraße hemmt jedoch jede Organisationsentwicklung.

Leadership benötigt immer Interaktion.

Leader sorgen für ein neues Ziel und kommunizieren dieses, bevor die alten Ziele abhanden kommen. Rückwärtsgerichtetes

Denken ist fehl am Platz. Die Erfolge von gestern dürfen heute niemanden beruhigen.
Genügte es vielen Menschen in Führungspositionen bislang, mit den Erfolgsrezepten und Strategien von früher zu managen, so empfinden es manche als modern, am Puls der Zeit zu sein. Doch ist heute für morgen nur eines wirklich gefragt: das Unternehmen von der Zukunft her zu führen.

Das große Aber

Natürlich finden wir Organisationen, die Gewinne machen, jedoch Leadership vermissen lassen. Ein Unternehmen profitabel zu führen ist ein Indiz für gutes Management, aber nicht zwingend für gute Menschenführung. Organisationen, die nach diesem Muster agieren, geraten wiederholt in Situationen, in denen ihnen eines zum Verhängnis wird: ihr mangelnder Fokus auf Leadership. Den Unternehmensalltag möglichst effizient zu gestalten ist eine Seite des Erfolgs. Leadership aber erhöht das Erfolgspotenzial an sich, genauso wie die Abwesenheit von Leadership dieses Potenzial verringert.
Der Führende ist einerseits der „Verwirklicher", der von ungeheurer Energie angetrieben eine klare Richtung vorgibt und höchsten Einsatz verlangt. Andererseits ist der Führende ein „Weiser", der den Menschen durch Empathie und Offenheit hilft, sich zu engagieren.[55] Ein Leader kann beide Fähigkeiten geschickt kombinieren.
Viele Organisationen gewähren weniger Zeit für Führung, haben aber mehr Bedarf dafür. So haben Institutionen ganze Hierarchieebenen gestrichen. Dadurch haben sich die Führungsspannen erhöht und Führungskräfte müssen mehr Mitarbeiter betreuen. Dies erweist sich zuweilen als kontraproduktiv. Denn eigentlich müssten die Führungskräfte heute mehr Zeit für die Unterstützung ihrer Mitarbeiter verwenden, weil sich die Strategien der

Organisationen immer schneller ändern. Sie müssten ihnen zum Beispiel erläutern, warum künftig bestimmte Aufgaben anders als bisher auszufüllen sind und warum künftig andere Maßstäbe gelten. Dafür ist es erforderlich, die Sache und die Menschen zu verstehen.

Sachverstand und Menschenverstand

Emotionale Unbildung löst eine destruktive Dynamik aus und kostet etwas.[56] Diese Kosten können Zweifler direkt ablesen. Sinkende Produktivität und verpasste Termine, Fehler und Pannen, hohe Fluktuation und Krankenstand sind solche Indikatoren.[57]
Leadership hat schon immer fasziniert. Zunächst glaubte man mehr an die „Great Man Theory“: dass Leader geboren werden, nicht gemacht. Psychologische Forschungen machten deutlich, dass es nicht einfach war, komplexes Führungsverhalten zu begründen und vorherzusagen. So wurde das „Emotional-Intelligence-Konzept“ entwickelt, um Führungsstile zu erklären.[58]
Es gibt zwar viele Sachverständige, aber wenige Menschenverständige. Die meisten von uns haben Jahre, mitunter Jahrzehnte, damit verbracht, sich Sachwissen anzueignen, das sie mit Zeugnissen und Diplomen belegen können. Ein guter Menschenverstand wird dagegen einfach schon immer vorausgesetzt.
Langfristige und exzellente Ergebnisse hängen auch davon ab, ob man liebenswerte Persönlichkeitseigenschaften hat und mit anderen Menschen gut auskommt. Wenn Sie die mit Ihnen zusammenarbeitenden Menschen besser verstehen, beeinflusst dies Ihre Leistung und Ihr Vorankommen entscheidend. Sie müssen Möglichkeiten aufzeigen, wie die Leistung des Unternehmens mit den Mitarbeitern und nicht gegen sie optimierbar ist. Es geht, abgesehen von krisenhaften Situationen, die schnelle und positive Effekte benötigen, nicht um kurzfristige Ergebnisse, sondern um nachhaltige und emotionale Beziehungen.

Emotionale Bindung und Leistung

Eine Studie[59] des Forschungsinstituts Gallup ergab, dass in Deutschland 13 Prozent der Mitarbeiter eine hohe emotionale Bindung zum Arbeitgeber haben, 67 Prozent eine geringe und 20 Prozent keine emotionale Bindung. Machen zwei Drittel der Beschäftigten in Deutschland Dienst nach Vorschrift und hat ein Fünftel bereits innerlich gekündigt? Diese weltweite Untersuchung brachte für Deutschland nur einen hinteren Platz im Mittelfeld. Ähnliche Untersuchungen haben bereits in der Vergangenheit zu gleichen Ergebnissen geführt. Eine Hauptursache dafür sind Defizite in der Personalführung. Viele Beschäftigte bemängeln, dass sie zu wenig Anerkennung erhalten oder ihre Meinung nicht gehört wird. Viele Arbeitnehmer haben einen Posten, der ihnen nicht liegt. Die Studienleiter sehen die Unternehmenslenker in der Pflicht. Die wichtigste Frage sei demnach, wie die Bedürfnisse der Mitarbeiter erfüllt werden. Die Nichterfüllung adäquater Bezahlung, von Sicherheit, Anerkennung, sozialer Unterstützung und Entwicklungsmöglichkeiten führe dazu, dass sich der Mitarbeiter ausklinkt.

Gewöhnliche Organisationen berücksichtigen lediglich die Grundbedürfnisse ihrer Mitglieder. Spitzenunternehmen kümmern sich auch um die Verwirklichung höherer Bedürfnisse wie Bestätigung und Selbstverwirklichung. Die persönliche Bestätigung fußt dabei auf Kompetenz, Image und Aufstiegsmöglichkeiten. Die Selbstverwirklichung erreichen Menschen durch Identifikation, Mitsprache und Autonomie.

Mitarbeiter mit einer hohen emotionalen Bindung weisen gegenüber jenen ohne Bindung eine um 45 Prozent höhere Innovationskraft auf. Ob und wie Arbeitnehmer eigene Ideen einbringen, wie häufig sie das tun und mit welcher Qualität, hängt von der emotionalen Bindung an den Arbeitgeber ab.[60]

Zu jemandem zu stehen erhöht diese Bindung und schafft ein gutes Klima.

Leader stellen sich vor ihre Leute, sie stehen für sie ein und das schafft Vertrauen.

Vertrauenskultur und Zufriedenheit

Die Aufgabe des Leaders besteht darin, seine Leute aus bekannten Gefilden in unbekanntes Terrain zu führen.[61] Vertrauen und Verantwortlichkeit müssen die Basis sein.

Ein Vertrauensverhältnis zwischen Leader und Mitarbeiter fördert die Motivation und verbessert das Betriebsklima. Dies führt zu mehr Offenheit und Ehrlichkeit, auch in der Kommunikation. Zudem führt Vertrauen zu größerer Produktivität und Rentabilität. Vertrauen ist ein Mittel, um Kosten zu sparen. Misstrauen ist ein Kostenfaktor. Vertrauen wirkt sich unmittelbar auf die Zufriedenheit aus.

Die Theorien von Maslow und Herzberg aus der Mitte des 20. Jahrhunderts seien hier erwähnt, aber auch als bekannt vorausgesetzt. Die Bedürfnispyramide von Abraham Maslow geht davon aus, dass alle Individuen eine Reihe von Bedürfnissen haben, nach deren Befriedigung sie streben. Die Zwei-Faktoren-Theorie von Frederick Herzberg nennt Motivatoren und Hygienefaktoren für die Erreichung von Arbeitszufriedenheit und -unzufriedenheit.

In den 1990er-Jahren geriet der persönlichkeitsorientierte Ansatz in den Mittelpunkt, bei dem davon ausgegangen wird, dass Arbeitszufriedenheit und Optimismus relativ unabhängige Persönlichkeitszüge seien. Die innerbetriebliche Kommunikation und die Unternehmenskultur haben immensen Einfluss auf die Zufriedenheit.[62] Der Leader soll verfügbar sein, aufmerksam zuhören und auf die Menschen eingehen. Gute Leader zwingen sich dazu. Das ist maßgeblich für die Mitarbeiterzufriedenheit.

In Anlehnung an die griechischen Philosophen eine Ergänzung: Zufriedenheit ist nicht gleich Geld. Zufriedenheit ist glücklich sein auf mehreren individuellen Ebenen.

- in Freiheit leben
- Gesundheit
- gute Beziehungen
- Sinn in der Arbeit
- finanzielle Unabhängigkeit
- persönliches Wachstum[63]

Wenn wir davon ausgehen, dass zufriedene Menschen produktiver und motivierter sind, weniger Fehlzeiten aufweisen, dass ihre Arbeitszufriedenheit zu einer verbesserten Lebensqualität und mehr Engagement führt, dann rückt die Zufriedenheit ins Zentrum unternehmerischen Handelns.

Leader sorgen sich um die Zufriedenheit ihrer Leute.

Welche Folgen hat Unzufriedenheit? Erkennbare Folgen von Unzufriedenheit sind Fehlzeiten und Fluktuation. Geringe Unzufriedenheit führt zu zeitlich begrenzter Abwesenheit durch Krankheit, starke Unzufriedenheit zur inneren oder faktischen Kündigung. Da die Arbeit zeitlich, physisch und emotional fordert und beeinflusst, berührt sie alle Facetten des Lebens. Die Arbeitszufriedenheit ist eine der wichtigsten Einflussgrößen auf die Lebenszufriedenheit und Grundlage für eine positive Entwicklung der Menschen und der Organisationen.

Als Leader sorgen Sie sich idealerweise auch um Ihre eigene Balance im Leben.

Dazu können Sie sich drei Fragen stellen:

- Lieben Sie die Arbeit, die Sie machen?
- Lieben Sie den Menschen, mit dem Sie leben? (Wenn Sie allein leben, sind Sie der Mensch mit dem Sie leben.)
- Lieben Sie den Ort, an dem Sie wohnen?

Nur durch eine möglichst ausgeglichene Lebens- und Arbeitsbalance können wir uns und andere weiterentwickeln.

Leadership als Entwicklung

Vorhandene Stärken nutzen, um Perspektiven für eine Entwicklung aufzeigen zu können, ist gefragt. In Problemfällen bedeutet dies nicht einfach, die Schuldigen zu suchen und zu bestrafen, sondern gemeinsam Lösungen für künftige Vorfälle zu finden und dadurch die Organisation auf eine neue Stufe zu heben.
Es muss möglich sein, Leadership zu praktizieren, ohne die Hierarchieposition und Sanktionsmacht zu verstärken. Dies wäre ein Rückfall in Lob und Tadel oder eine Verfestigung von patriarchalischem Führungsverständnis. Leadership ist Entwicklung: Durch Vertrauensbildung engagieren sich die Mitarbeiter stärker und bilden die Basis für Visionen und Strategien. Leader, die visionslos sind, sind keine Neuerer, nur Ausführer und Abwickler. Visionäre Menschen denken zukunftsbezogen und verändern zum Positiven. Die anderen folgen dem Leader, weil er sie alle weiterentwickelt.
Die anderen folgen auch, weil der Leader viele positive Eigenschaften hat. Doch den typischen Leader gibt es nicht. Zum Glück. Zu unterschiedlich sind wir als Menschen in unseren persönlichen Ausprägungen. Natürlich wird versucht, Führungspersönlichkeiten an gewissen Merkmalen festzumachen.
Führungskräfte sind in der Regel männlich, mindestens 45 Jahre alt und leben in einer klassischen Konstellation mit traditioneller geschlechterbezogener Aufgabenteilung.[64]
Ein Leader ist nicht nur eine Führungsperson, sondern auch eine Führungspersönlichkeit. Dafür braucht es einiges. Respekt und Akzeptanz, Ruhe und Zeit, zudem Humor und Gelassenheit. Außerdem sind Vertrauen und Interesse, Kommunikation und Analysefähigkeit wesentlich. Verbindlichkeiten schaffen und

Mut, auch zu kleinen Lösungen, zeigen, wirken ergänzend. Empathie, Ausdauer und Kreativität trennen gute von nicht ganz so guten Führungskräften. Es geht nicht um den Macher. Als Leader verfügen Sie über den Blick auf das Ganze. Sie erreichen durch Ihr Verhalten mehr.

Die Grundlagen jeder Entwicklung.

Das Führungsverhalten, die Persönlichkeit und das Sozialverhalten sind die Grundvoraussetzungen:

- Das Führungsverhalten wird geprägt von Konfliktbewältigung, Mitarbeitermotivation und Team-Bildung.
- Die Persönlichkeit findet Ausdruck in der Ausstrahlung, der Überzeugungskraft und der Fähigkeit zur Selbstreflexion.
- Das soziale Verhalten zeigt sich in der Dialogfähigkeit und der Wertschätzung.[65]

Ein guter Leader muss nicht perfekt sein. Er muss auch nicht alles besser können als seine Team-Mitglieder. Vielmehr muss er gesunden Menschenverstand und Logik, Augenmaß und Zuversicht haben. Der Leader muss wissen, was stimmt. Zu diesem Wissen gelangt er durch seine Leute oder gemeinsam mit ihnen. Die Umsetzung dieses Wissens in Können ist für eine Organisation unerlässlich.
Kataloge mit Handlungsempfehlungen für Leader gibt es genug. Der Leader muss immer das richtige Maß von Freiheit und

Ordnung finden. Strategien kann er nicht in der Komfortzone entwickeln.[66]
Der Leader soll sowohl analytisches als auch emotionales Handeln ausbalancieren, mit Ambiguität umgehen sowie andere inspirieren, fordern und fördern. Leader gestalten Gemeinschaft und engen den Raum für Politik, Mobbing und Bürokratie ein. Sie bauen Vertrauen auf und ermöglichen Kreativität. Sie tolerieren Fehler.[67]
Der ideale Leader hat einer Studie zufolge sieben Eigenschaften.[68] Andere konzentrieren sich auf die „zwölf neuen Gesetze der Führung". Gleichzeitig sei die Strategie das wichtigste Handwerkszeug für einen vortrefflichen Leader. Es ist also ziemlich einfach, ein idealer Leader zu sein, oder?
In seinem spezifischen Kontext, mit seinen Mitarbeitern und seinen eigenen Potenzialen und Restriktionen, kann jeder Leader nur für sich selbst sein persönliches „Geheimnis Leadership" entdecken und entwickeln.
Im Führungsalltag vergessen viele aufgrund der reinen Zielfokussierung, Kopf und Herz einzusetzen. Die eigenen Bedürfnisse und die der Mitarbeiter bleiben dann auf der Strecke. Was dabei herauskommt, erleben wir anhand vieler gegenwärtiger Beispiele. Leader sind nicht nur in Schönwettersituationen gefragt, sondern auch dann, wenn es Reibungspunkte gibt, wenn Zuversicht notwendig ist, wenn wir nicht nur an das nächste Quartalsergebnis als Manager denken, sondern als Leader an die nächste Generation.[69]

Irrtum: Leader sind besser als Manager

Es braucht beide. Zu keiner Zeit können Unternehmen ohne Manager auskommen, die alles perfekt organisieren. In Umbruchphasen ist allerdings ein Leader unerlässlich, der neue Wege aufzeigt.

Wir werden wohl weiterhin deplatzierte Führungsfiguren am Werk sehen – Visionäre, wo es kühle Manager bräuchte, und einfallslose, kontrollierende Manager, wo es wirklicher Führungspersönlichkeiten bedürfte.[70]
Manche vertreten die Meinung, dass nicht die Eigenschaften des Unternehmenslenkers wichtig seien, sondern die Profitabilität. Ob ein Leader oder Manager die Geschäfte führt, spiele keine Rolle, wichtig seien nur die Ergebnisse. Leadership ist für Kritiker ein Begriff wie viele andere. Tatsächlich gibt es genug Theorien, die gut verkauft wurden und irgendwann wieder verschwanden. Einer Studie[71] unter Top-Managern aus England, Frankreich und Deutschland zufolge gibt es in Europa sehr unterschiedliche Führungsstile. Für britische Führungskräfte zählt hauptsächlich die Leistung. Französische Manager bevorzugen einen vergleichsweise autokratischen Führungsstil. Sie schätzen die Entscheidungsfreiheit und den hohen sozialen Status, der mit ihrer Position einhergeht. Deutsche Führungskräfte gelten eher als Demokraten und agieren diplomatisch. Bevor sie weit reichende Entscheidungen treffen, versuchen sie in der Regel, Einvernehmen herzustellen und den bestmöglichen Kompromiss zu finden.
Fast alle Führungsverantwortlichen verstehen sich als Teamplayer und nicht als Alleinherrscher. Sie versuchen, dem auf ihnen lastenden Druck durch verstärkte Zusammenarbeit entgegenzuwirken. Auch das Bild des fertigen Managers ist überholt, deshalb suchen gute Führungskräfte Feedback, um sich weiterentwickeln zu können. Nicht alle Manager verfügen über Leadership-Eigenschaften. Doch erfolgreich sind viele von ihnen. Herausragende Ergebnisse sind nicht zwingend nur durch Leadership erreichbar. Doch Leadership wird sich weiter durchsetzen.

Positiv führen, mehr leisten und besser leben

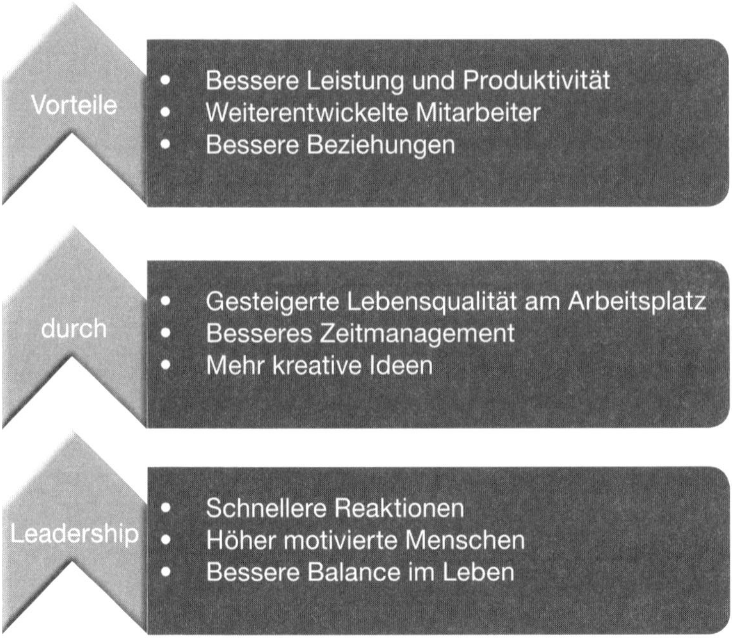

Wer positiv führt, erhöht die Leistungsfähigkeit aller.

Die Vorteile durch Leadership für Geführte und Führende liegen auf der Hand:

- Bessere Leistung und Produktivität sichern den Fortbestand der Organisation.
- Weiterentwickelte Mitarbeiter bringen die Organisation voran.
- Bessere Beziehungen über alle Barrieren hinweg sprengen Grenzen.
- Gesteigerte Lebensqualität am Arbeitsplatz basiert auf einer angenehmen Arbeitsatmosphäre.

- Besseres Zeitmanagement, da die Mitarbeiter Verantwortung übernehmen und den Leader entlasten.
- Mehr kreative Ideen entstehen ganz sicher in einem belebenden Umfeld.
- Schnellere Reaktionen und gesteigerte Flexibilität, da engagierte Menschen eigenverantwortlich handeln.
- Höher motivierter Mitarbeiter, die ihre Leistung deshalb einbringen, weil sie es wollen.
- Bessere Balance im eigenen Leben.

Eine wichtige Erkenntnis

Ohne „Humankapital“ läuft keine Organisation – die Handhabung dieser „Ressource“ ist jedoch sehr herausfordernd. Ausgezeichnete Unternehmen stützen sich auf die Leistungsfähigkeit und Leistungsbereitschaft der darin tätigen Menschen. Investitionen in die Mitarbeiter erhöhen das Unternehmensergebnis.
Es gibt zweifellos eine wichtige Erkenntnis. Die einen sind dafür, die anderen sind dagegen und die dritten wissen es noch gar nicht:

> **Der größte Kostenblock sind nicht die Mitarbeiter, sondern Führungsfehler.**

Können wir Leadership lernen?
Wie erhöhen wir unser Leadership-Potenzial?
Welche Bedeutung hat die Kraft des Vorbilds?

Leadership lernen

Es ist nie zu spät, das zu werden, was man hätte sein können.

– George Eliot

5.

Es existiert ein großes Angebot auf dem Weiterbildungsmarkt, das suggeriert, Leadership sei lernbar.[72] Warum sonst auch gäbe es so viel Literatur darüber?
Ein weiteres Indiz ist, dass deutsche Unternehmen rund 2,5 Milliarden Euro[73] pro Jahr in die Weiterbildung ihrer Führungskräfte investieren. Tatsächlich dachte bis Mitte der 1960er-Jahre ein überwiegender Teil der Manager, dass man Personalführung nicht lernen könne, sondern dazu geboren sein müsse. Heute ist klar, dass Leadership erlernbar ist wie alles andere auch.
Selbstverständlich lässt sich lernen, kommunikativer, entscheidungsfähiger und veränderungsfreundlicher zu sein. Dennoch sind der Lernbarkeit Grenzen gesetzt. Wer Ratschlägen aus einem Buch folgt oder an Seminaren teilnimmt, ist trotzdem nicht vor Fehlschlägen gefeit. Eine Führungskraft kann unter enormem Druck alle jahrelang eingeübten Grundsätze vergessen. Oder verkürzt dargestellt:

Leadership-Leistung = Potenzial minus Störfaktoren.

Alle wollen großartige Führungspersönlichkeiten werden.

Unwissen oder – noch schlimmer – Halbwissen über Führungsverantwortung führt zu Schieflagen und erschwert die Umsetzung. Das Ziel von Bildung ist nicht nur Wissen, sondern auch Handeln. Das Erlernen von Führungskompetenzen erfordert ein gewisses Maß an Motivation. Wir müssen untaugliche Gewohnheiten ablegen und sie durch neue ersetzen.
Management wurde ausreichend gelehrt, praktiziert und gefeiert. Wenn wir uns die Managerschelte der vergangenen Jahre in Erinnerung rufen, wurde Management aber auch genauso sehr verteufelt und an den Pranger gestellt. Es ist nicht ausgeschlossen, dass Gesellschaften eines Tages Leadership ähnlich kritisch betrachten, aber es ist reichlich unwahrscheinlich.

Gute Führungskräfte sind sich bewusst, dass ihre Mitarbeiter einen Anspruch auf kompetente Führung haben.[74] Über Generationen hinweg wurden im 20. Jahrhundert aufgrund fehlender Manager viele Menschen ermuntert, Management zu erlernen. Es wurde ihnen jedoch wenig bis gar nichts über Leadership beigebracht. Diese Fokussierung auf Management fußt darauf, dass es einfacher zu lehren ist als Leadership.[75] Zu häufig steht die Vermittlung von Führungstechniken anstelle von Führungsverhalten im Vordergrund. Dies führt zu etikettierten Managern ohne Tiefe.[76]

Das Fachgebiet der Betriebswirtschaftslehre ist, ohne jegliche Diffamierung, eher eindimensional strukturiert. Leadership bezieht neben dem unternehmerischen Basiswissen vor allem die Kenntnisse der Arbeits- und Organisationspsychologie, der Soziologie und der Kommunikationstheorie mit ein. Leadership zu lernen ist deshalb so wichtig, weil Kulturen, die sich dem Wandel widersetzen, und Manager, die nicht gelernt haben zu führen, verheerend sind. Leadership zu lernen ist deshalb so faszinierend, weil hinter jeder Tür eine neue aufgeht.

Worauf basiert das Erlernen von Leadership?

Es ist davon abzurücken, Leadership stelle eine angeborene Fähigkeit dar, die sich nur bedingt fördern lasse.[77] Mit wenigen charismatischen Ausnahmen ist Leadership etwas Erlernbares.[78] Die 62 Länder umfassende Studie „Global Leadership and Organizational Effectiveness“ zeigt erstaunliche Ergebnisse. Leadership sieht demnach nicht mehr so „revolutionär und irrational“ aus wie oft behauptet. Dieser Führungsansatz beruht nicht nur auf vererbten oder frühkindlich geprägten Verhaltensweisen, sondern bezieht Fähigkeiten mit ein, die eine Führungskraft in ihrer beruflichen Laufbahn noch verbessern kann. Leadership kann man sich bis zu einem gewissen Grad aneignen.[79]

Forschungen zeigen zudem, dass sich emotionales Handeln erlernen lässt. Doch einen durchgängigen Zuwachs dürfen wir nicht voraussetzen. So lassen sich Präsentations- und Kommunikationsfähigkeiten gut verbessern, hingegen erzielen die Domänen Selbst- und Beziehungsmanagement mäßige Wirkungen.[80]
Nimmt man die öffentliche Abrechnung mit Managern als Maßstab, so mangelt es in den Chefetagen massiv an Leadership-Fähigkeiten. Das ist in manchen Fällen ein Problem mangelhafter Ausbildung.[81]
Den meisten Menschen bleibt sicherlich nur eines: an sich arbeiten, üben und dann sehen, welche Fortschritte sich damit erzielen lassen. Die konsequente Auseinandersetzung mit der eigenen Persönlichkeit ist dabei unumgänglich. Weiterbildung, Coaching und Training unterstützen die Entwicklung und sind wichtig für die eigene Kompetenz. Organisationen müssen ihre Talente gezielt und mit Perspektiven entwickeln. Lernzuwachs lässt sich nur entfalten, wenn ein geeignetes Umfeld besteht. Die feste Verankerung einer entsprechenden Kultur ist das Höchste, was Führungskunst erreichen kann.
Bei der Führung handle es sich zu einem großen Teil um eine Kunst[82], können wir vernehmen. Leadership ist auch mehr ein Persönlichkeitsaspekt. Die Frage, ob Leadership lernbar ist oder nicht, stellt sich für die Gegner der Erlernbarkeit nur kurz, nämlich so lange, bis sie einer charismatischen Führungspersönlichkeit begegnen.[83] Ist Führungsstärke nicht eher eine Charakterfrage? Andere sehen das differenzierter: Führung sei ein Verhalten, und ein Verhalten könne man trainieren.[84] Aussage gegen Aussage. Gibt es Beweise?
Immer wieder spült es Personen in Führungspositionen, die bald erkennen müssen, dass Bundespräsident kein Lehrberuf ist oder dass man der Urheber seiner eigenen Probleme sein kann. Oder nicht einmal das. Wenn Menschen ein Amt oder eine Position, egal auf welcher Ebene, nicht ausfüllen können, klammern sie sich letztlich nur daran und scheitern.

Leadership lernen hängt von Ihrer Motivation und Einstellung ab. Wir Menschen lernen das, was wir lernen wollen.

Wie gut Leader Führungsfunktionen wahrnehmen, hängt von ihrem konkreten Verhalten und von stabilen Verhaltensmustern ab. Diese Verhaltensausprägungen lassen sich verändern.[85]

Das Potenzial erhöhen

Niveau sieht nur von unten aus wie Arroganz.

Die Entwicklung des Leadership-Potenzials fußt nicht auf einem Zwei-Monats-Kurs oder einem Postgraduate-Studium. Die meisten der komplexen Fähigkeiten entwickeln sich über Jahre und Jahrzehnte – oder auch nie.

Das Repertoire erweitern

„Eigentlich bin ich ganz anders, nur komme ich so selten dazu." Ödön von Horvath eröffnet uns mit diesem Satz eine wunderbare Betrachtungsweise unseres Verhaltens. Vielleicht sind ja auch die Team-Mitglieder, Mitarbeiter und wir selbst ganz anders – nämlich innovativ, selbstständig, motiviert etc. – aber kommen leider so selten dazu? Dann liegt es wohl an uns, für eine Atmosphäre zu sorgen, in der jeder möglichst so sein darf, wie er eigentlich ist.
Zwei Typen von Individuen scheiden aber definitiv aus. Erstere besitzen ein Ego, das einen Raum füllt und keinen Platz für irgendjemand anderen frei lässt. Letztere sind Leute, die Misstrauen säen und jede Art von Teamarbeit töten.

Stellen Sie Wirtschaftstreibenden die Frage „Was machen eigentlich effektive Leader?“, dann erhalten Sie die unterschiedlichsten Antworten.[86]
Einigkeit besteht zumindest darüber, dass emotional intelligente Leader es leichter haben als eher eindimensional geprägte Führungspersonen.[87]
Die Bereitschaft, das eigene Repertoire zu erweitern, ist ausschlaggebend:

- Ihre Energie überträgt sich in jedem Gespräch, jedem Meeting. Immer.
- Achten Sie auf nonverbale Signale.
- Führen Sie mit Herz, das ist Ihr wichtigstes Gut.
- Setzen Sie Geschick und Geduld ein, bevor Sie handeln. Je turbulenter eine Situation ist, desto ruhiger müssen Sie handeln.
- Empathie ist Ihr Schlüssel zur Motivation.
- Zufriedenheit entsteht aus der Qualität Ihrer Arbeit.
- Konzentrieren Sie sich nicht auf Zurückliegendes, sondern widmen Sie sich der nächsten Herausforderung. Bleiben Sie positiv in Ihrer Grundhaltung.[88]

Zu sehr kontrollorientierte Organisationen hemmen Leadership. Sie erlauben es Menschen selten, sich zu entfalten und zu wachsen. In steifen Bürokratien kann kaum jemand ein gutes Rollenverhalten lernen. Verschwendung von Talent wird zunehmend kostspielig, denn die Anzahl der talentierten und guten Leute ist begrenzt. Wenn wir Leadership einfordern wollen, sind flachere und schlankere Strukturen mit weniger Kontrolle unentbehrlich. Zukunftsweisende Organisationen müssen Leadership begünstigen und gegen fehlendes Leadership aktiv werden.

Fehlendem Leadership kann eine Organisation erfolgreich entgegenwirken.

Es gibt drei Möglichkeiten, das Leadership-Potenzial in einer Organisation zu erhöhen:

- Leader von außerhalb in das Unternehmen holen.
- Mitarbeiter, die Leadership-Eigenschaften haben, fördern, um Leader-Positionen besetzen zu können.
- Mitarbeiter, die in Leadership-Verantwortung stehen, diese aber kaum leisten, dazu ermutigen, die Herausforderung anzunehmen.[89]

Ein hohes Leadership-Potenzial führt zu kompetenten Führungskräften, diese wiederum führen kompetente Teams.

Mehr Gelassenheit und Kompetenz

Menschen in Führungsverantwortung fordern sich selbst und ihre Mitarbeiter oft bis ans Limit oder darüber hinaus. Das geht auf Dauer nie gut.[90] Eine Überforderung damit rechtfertigen zu wollen, dass ja die Zahlen stimmen müssen, ist keine Basis. Die kritische Herausforderung besteht darin, dass jeder einzelne trotz Anstrengungen Respekt erlebt.
Kompetenz hat immer etwas mit Gelassenheit zu tun. Auch mit Souveränität. Unabhängig in welcher Situation. Es ist wichtig,

präsent zu sein, auch wenn man erschöpft ist und in Gefahr schwebt. Die kompetente Gelassenheit überträgt sich dabei auf alle. Große Leader haben einen speziellen Glauben an ihre eigenen Fähigkeiten. Sie strahlen Ruhe aus. In ihnen ist etwas, das von den Dingen unberührt bleibt. Es geht ihnen nicht als Selbstzweck darum, gelassen zu agieren, sondern vielmehr internalisieren sie die Fähigkeit, in Grenzbereichen „nicht aufgeregt zu sein", oder lateinisch formuliert: „non turbulentus" zu sein.

Was für Sie als Leader maßgeblich ist, sind drei handlungsleitende Elemente: Bodenhaftung, Augenmaß und Zuversicht.

Die Leadership-Kompetenz hat, extrem vereinfachend, zwei Dimensionen:

- Die Leader-Persönlichkeit – den Personenbezug: Persönlichkeitsstruktur, Ziele, Motive, Einstellungen, Denken und Handeln.
- Das Leader-Know-how – den Sachbezug: Fähigkeiten, Fertigkeiten, Erfahrungen, Methoden, Wissen und Können.

Die Leader-Kompetenz ist gewissermaßen als Multiplikation darstellbar. Im Extremfall bedeutet das: Die Leader-Kompetenz ist „gleich null", wenn entweder die Leader-Persönlichkeit „eine Null" ist oder das Leader-Know-how „gleich null" ist. Oder wenn beide Ausprägungen nicht oder nur marginal vorhanden sind.[91]

Ein Leader muss wesentliche Kompetenzen im Griff haben:[92]

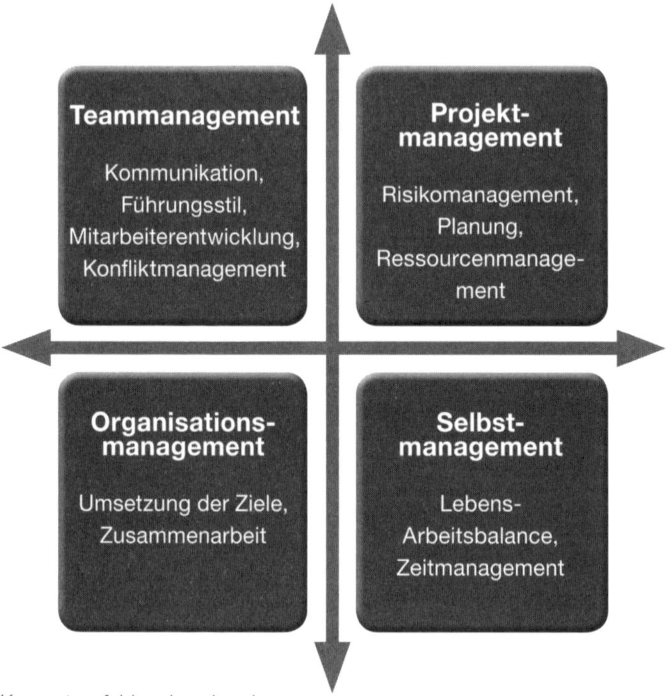

Kompetenzfelder eines Leaders.

Eine Überstilisierung und ein geradezu musterschülerhaftes Erlangen und Abhaken der Kompetenzinhalte wird niemandem gerecht. Alles, was übertrieben ist, ist ohne Bedeutung. Jedes übertriebene Verhalten, jede übertriebene Kommunikation und auch jede konstruierte Situation entbehrt des wahren, puren und lockeren Verhaltens. Wenn sich Leader in Übertreibung und Selbstdarstellung üben, sind das Dinge, die sie nur mit allergrößter Mühe wieder ändern können.

Ein Leader stellt nicht seine Eigeninteressen über die seiner Leute, sondern er aktiviert in ihnen die Kraft für die Zielerreichung. Der Leader muss Komplexität beherrschen.[93] Ohne diese Fähigkeit und ohne ihr Team sind Leader verloren.

Menschen entwickeln und Vorbild sein

Vom Wissen zum Können:
Wir sind nicht alle gleich.
Man muss nicht alles wissen.
Aber man sollte etwas können.
– *Wolf Lotter*

Eine flache Führungshierarchie ist eine ideale Möglichkeit, den Menschen nahe zu sein: durch direkte Kommunikation, verkürzte Entscheidungswege, ausgebaute Mitarbeiterkompetenzen, gemeinsame Aktivitäten, offene Türen und ohne Privilegien. Wer es nicht versteht zu kommunizieren, limitiert seinen Handlungsspielraum extrem. Eine Idee kann noch so gut sein, sie wird von Menschen umgesetzt. Viele haben gute Ideen, aber nur wenige die Fähigkeit, sie umzusetzen.

Ohne ihr Team sind Leader bedeutungslos

Jede Führungspersönlichkeit braucht ein Team. Egal ob im Unternehmen oder im Sport, im Operationssaal oder beim Feuerwehreinsatz – einfach überall dort, wo Ziele nur gemeinsam erreichbar sind. Der Anspruch des Leaders an sich selbst sollte permanent lauten, sich das Vertrauen des Teams jeden Tag neu zu erarbeiten. Leader achten in ihren Teams auf ein Gleichgewicht zwischen Begabung, Fachwissen und Persönlichkeit. Der Leader sorgt für Mitarbeiter, die mit ihm die Verantwortung tragen und mit denen er bespricht, wie die Zukunft gestaltet wird. Er formt ein Team, das sich gegenseitig zur Erreichung großer Ziele stützt. Nur gemeinsam gelingt das. Allein ist das nicht zu meistern.

Ein Team hat immer eine Führung.[94] Zumindest inoffiziell. Ein Team ist aufeinander angewiesen und im Gegensatz zu einer losen Gruppe kennen alle Mitglieder einander. Dieses soziale System muss fachliche und zielgerichtete Arbeit leisten.[95] Ein Leader strebt dabei einen möglichst hohen Grad an Wohlbefinden seiner Leute an. Ein Team ist nur so gut wie sein schwächstes Glied. Der Schwächste bestimmt das Tempo. Ist jemand nicht an der richtigen Stelle tätig, sollte er ein Umfeld finden, das besser zu ihm passt. Es ist unverantwortlich, jemanden zu einer Aufgabe antreten zu lassen, mit der er nicht klarkommt.
Für die optimale Teambildung hätten viele gerne monatelang Zeit. Aber so viel Zeit steht selten zur Verfügung. Die Aufgabe des Leaders ist nicht in erster Linie, mit einem bestehenden Team unschlagbar zu sein, sondern für jede Aufgabe sicherzustellen, dass die richtigen Leute an Bord sind.
Großartige Ergebnisse erreicht ein Team durch Identifikation und eine kollektive Zielsetzung. Leader wählen Partner aus, die ihnen in der Sache qualitativ nahe sind.

Als Leader umgeben Sie sich mit Topleuten, die bestimmte Dinge viel besser können als Sie selbst.

Meine eigene Erfahrung zum Thema „sich mit kompetenten Leuten umgeben“ vervollständigt diese Sichtweise. Ein langjähriger Beratungspartner holte für einen Neuausrichtungsfall stets das für ihn perfekte Team an Bord. Den besten ihm bekannten Finanz- und Steuerfachmann, den Fertigungsexperten, den Produktions-Planungs-Steuerungskenner, den EDV-Spezialisten seiner Wahl, unterschiedliche Trainer und viele andere mehr. Generell lässt sich das Ganze verknappen auf: Starke zu Starken für eine bessere Zukunft. Nur wer selbst stark ist, kann Stärke in anderen erkennen und Menschen führen.

Der Stellenwert der Personalführung

Eine neue Studie[96] zum Stellenwert der Personalführung in deutschen Unternehmen zeichnet ein kontroverses Bild: Mitarbeiter verantwortungsvoll zu führen ist häufig ein bloßes Lippenbekenntnis. Nicht selten duldet die Geschäftsleitung schlechtes Führungsverhalten wissentlich, sofern das operative Ergebnis stimmt. Können sich Vorstände und Geschäftsführer vor dem Hintergrund des demografischen Wandels sowie des spürbaren Fachkräftemangels schlechte Führung überhaupt noch leisten? Haben sie die Zeichen der Zeit bereits erfasst? Messen sie dem Thema Führung erhöhte Bedeutung bei? Die Untersuchung verdeutlicht zwei Dinge: Schlechtes Führungsverhalten wird in der Regel nicht sanktioniert, solange das finanzielle Ergebnis stimmt. Zudem wird gutes Führungsverhalten bedauerlicherweise nicht belohnt. Die fehlende Ausbildung vieler Personen in Führungsverantwortung sorgt für schlechte Personalführung.
Vereinfachend mit den Worten Richard David Prechts ausgedrückt: Niemand wird deshalb besser bezahlt, weil er ein guter Mensch ist.[97] Zugleich sollten wir niemanden schlechter bezahlen, weil er das Scheitern mit einkalkuliert.

Fehlerkultur und Scheitern

Exzellente Leader sind Menschen, die die Umstände und die Situation der Mitarbeiter gut erfühlen können. Doch diese Intuition allein reicht nicht aus. Ein Leader muss auch „praktisch" sein.[98] Er darf sich nicht davor fürchten, intelligente Fehler zu machen. Das ist ein Feld, auf dem viele kaum Erfahrung haben. Wer Angst hat, Fehler zu machen und vor den Menschen nicht gut dazustehen, der ist nicht fähig, andere zu führen. Es wäre fatal, vor Angst die Lust zu verlieren. Wenn eine Führungsperson

nicht weiß, wie sie Ängsten oder Sorgen bestmöglich begegnet, dann stirbt sie früh.
Menschen mit großen und glänzenden Eigenschaften machen sich wenig daraus, sich ihre Fehler und Schwächen einzugestehen.[99] Mögliche Fehler, mögliches Scheitern kalkuliert ein Leader mit ein. Eine fehlerintolerante Strategie ist unmenschlich. Das Scheitern zuzulassen, um später wie Phönix aus der Asche zu steigen, hat schon immer Menschen und Unternehmen zu wahrer Größe gebracht. Dass etwas misslingt, gehört genauso zu uns wie das Gelingen. Dabei steht natürlich der Erfolg im Zentrum unserer Bemühungen.

Die Bedeutung der Kommunikation erkennen

88 Prozent der Mitarbeiter geben an, dass die persönliche Kommunikation der Leader Vertrauen schafft und ihre Glaubwürdigkeit stärkt.[100] Ein Leader kommuniziert klar und offen.

Laut dem Vordenker Peter F. Drucker können wir gute Führung in zwei Regeln zusammenfassen:

- Leader denken oder sagen nicht „ich“, sondern „wir“.
- Leader sind die Ersten, die zuhören, und die Letzten, die reden.

Kommunikation äußert sich in Sprache, Schrift und Handlungen. Handlungen und Taten sind die wirksamste Form. Ein Widerspruch zwischen verbaler Kommunikation und Verhalten wirkt desaströs. Einfach und direkt zu kommunizieren hat viele Vorteile. Zielgerichtete Kommunikation ohne Fachjargon erreicht mit weitaus weniger Aufwand große Gruppen. Eine einfache, aber praktikable Kommunikationsregel stellt zwei Fragen: Wer muss wissen, was ich weiß? Wer weiß, was ich wissen muss?

Unsere Zukunft liegt in der Gesprächsführung. Alles hängt davon ab, wie gut wir Kontakte aufbauen und halten.[101]

Der beste Weg, die Qualität der Beziehungen in Ihrer Organisation zu steigern, ist, die Qualität der Kommunikation zu steigern.

Ein gut kommunizierendes Unternehmen stärkt das Selbstbild seiner Mitarbeiter und bewirkt eine lang anhaltende Identifikation.

Einen langen Weg gehen

Weitblick hat nichts damit zu tun, wie weit man sieht. Sondern damit, wie weit man denkt. Und wie weit man gehen will.
Es birgt eine wichtige Erkenntnis in sich, nicht aufzugeben, wenn man knapp vor dem Ziel steht.[102]

Als Leader müssen Sie Sehnsucht lehren und Wege weisen.

Die vermittelte Sehnsucht hält das Team mehr in Bewegung als alles andere. Weisen Sie den Weg, unterstützen Sie Ihre Mitarbeiter in jeder Situation dabei, ihre Leistung zu verbessern. Eine Möglichkeit, als Führungskraft ein Gefühl von Optimismus bei den Mitgliedern zu entwickeln, ist, anhaltend selbst Optimismus auszustrahlen.
Herausragende Leader sind bereit, langfristig zu denken. Wer nachhaltig denkt und seine eigenen Wege geht, kann nicht überholt werden. Weg und Richtung, Tempo und Ausdauer determinieren jegliche Zielerreichung. Bloße Geschwindigkeit verpufft dagegen.
Leader müssen auf lange Sicht Prioritäten setzen und präsent sein. Sie müssen selbst ausgeglichen sein, sonst können sie nicht

für Balance sorgen. Wer sich selbst und andere fordert, muss auch für Erholung sorgen. Ein Leader erkennt dabei die Bedeutung und das Potenzial der Aussage: Die Kunst des Ausruhens ist ein Teil der Kunst der Arbeitens. Es geht auch darum, schöpferische Pausen einzulegen. Ruhe ist offensichtlich eine Bedingung, um gut zu arbeiten. Nur wenn der Leader selbst gelassen und mit innerem Frieden arbeitet, kann er den Menschen um sich eine ideale Atmosphäre bieten.
Einen langen Weg gehen könnte rückblickend bedeuten: Andere sind stehen geblieben, wir sind weitergegangen.[103] Das Verantwortungsbewusstsein eines Leaders beginnt damit, Mitarbeiter nur für Ziele zu begeistern, an die er wirklich glaubt und die er auch durchzuhalten bereit ist. Übernehmen Sie Initiative. Seien Sie im besten Sinne unangepasst und setzen Sie sich vorbildlich ein.

Die Kraft des Vorbilds

Rund 80 Prozent der Mitarbeiter geben an, dass Vorbild sein die zentrale Führungsaufgabe ist.[104] Worte sind oftmals nicht stark genug, um Menschen zu überzeugen.
Unvergleichlich mehr Kraft liegt im tatsächlich vorgelebten Verhalten:

- Niemand erwartet von einer Leader-Persönlichkeit, dass sie perfekt ist. Nur authentisch und aufrichtig muss sie sein.
- Leader gehen den gleichen Weg wie ihre Mitarbeiter, nur gehen sie eben voran.
- Umgekehrt ist es jedoch viel wichtiger, am anderen Ende des Spektrums zu finden zu sein. Wenn es darum geht, Menschen, die in Schwierigkeiten sind, Schub zu verleihen.

Das macht Sie zu einem Leader. Damit erzielen Sie ausgezeichnete Ergebnisse.
Ein Leader ist bereit, wieder und wieder einen Extraschritt für seine Leute und für sein Unternehmen zu gehen, und dies tut er mit Begeisterung. Begeisterung, die ihm anzusehen ist und die sich auf sein Team überträgt. Nur mit Begeisterung lässt sich dauerhaft Höchstleistung erbringen.

Als Führungskraft sind Sie Vorbild. Sie können und sollen von Ihren Mitarbeitern nichts verlangen, wozu Sie selbst nicht bereit sind.

Leadership ist eine Haltung, kein Verhalten. Wir brauchen starke Persönlichkeiten, die Lebenshaltungen verbreiten können, weil sie diese selbst verkörpern und vorleben. Positive Leader sind gefragt. Weltweit. Für Defensivdenker ist es zu spät. Der Leader konfrontiert seine Mitarbeiter mit kreativen Irritationen, ohne ihre Akzeptanz zu verlieren.
Wir brauchen Vorbilder, heute mehr denn je. Es geht nicht primär darum, Aufgaben vorbildhaft zu erledigen. Es geht um mehr. Es geht um Vorbilder in die richtige Richtung. Haben Sie sich schon einmal die Frage gestellt: Mit welchem Recht macht sich jemand zum menschlichen Vorbild für andere? Weil er Führungskraft ist? Dann wird es ja nur noch lächerlich! Vorbildwirkung wird einem von anderen freiwillig gegeben. Denn, um bei Mahatma Gandhi zu borgen: Was man mit Gewalt gewinnt, kann man nur mit Gewalt behalten. Menschen haben immer nach positiven Vorbildern gesucht und suchen diese heute noch.

Wir brauchen Führungspersönlichkeiten, die Charakter und Kompetenz vereinen. Leader, die Entscheidungen treffen, denen die Menschen vertrauen und folgen.

Konfliktmanagement abseits von Selbstgefälligkeiten und Eitelkeiten

Hören Sie anderen genau zu. Kollegen, die andere Motive haben, Freunden außerhalb der Organisation, Menschen, die mit Ihrem Unternehmen unzufrieden sind. Dadurch überwinden Sie eine mögliche Betriebsblindheit und die Kurzsichtigkeit des Involviertseins.
Unterschätzen Sie niemals jene Kräfte, die Arroganz und Eitelkeit fördern und den Status quo aufrechterhalten. Leader müssen die Selbstzufriedenheit erschüttern und ein Gefühl der Dringlichkeit wecken. Ohne dieses Dringlichkeitsgefühl betreiben wir Menschen kaum den erforderlichen zusätzlichen Aufwand. Dringlichkeit meint nicht „Hetzen". Dringlichkeit bedeutet, Prioritäten für Handlungen zu setzen.
Die Schaffung eines Dringlichkeitsgefühls setzt Mut und Risikobereitschaft voraus. Beides sehen wir immer seltener, weil Menschen, die in Kulturen mit zu wenig Leadership und zu viel Management leben, lernen, dass dies nicht vernünftig sei. Mut und Risikobereitschaft schaffen künstliche Krisen. Mehr Risiko bedeutet größere Erfolge und größere Misserfolge. Es geht um jene Risiken und Konflikte, die es wert sind, sie einzugehen. An diesen wachsen die Menschen in der Organisation und die Organisation selbst.
Die Herausforderung besteht nicht darin, Konflikte zu eliminieren, sondern sie auf produktive Weise zu lösen und die Beziehungen zu stärken.

„Menschlichkeit" und „Glaubwürdigkeit" heißen die Ansatzpunkte in Ihrem Konfliktmanagement.

In unangenehmen Situationen die heile Welt vorzuspielen ist der falsche Weg. Nur wer mit den Mitarbeitern in engem Kontakt steht, kann Probleme in Gesprächen lösen, solange sie noch

klein sind. Niemand kann Ihnen einen Konflikt aufzwingen. Sie wählen den Streit. Sie können ihn auch abwählen.
Leader, die Team-Mitglieder haben wollen, die aufeinander achtgeben, müssen genau dieses Verhalten selbst an den Tag legen. Das ist nichts, das sich delegieren lässt.

Vision und Strategie für eine positive Dynamik

Es ist nach wie vor erstaunlich, wie viele Manager mit Methoden aus dem letzten oder vorletzten Jahrhundert führen wollen. Mit autoritärer Führung und Mikromanagement. Damit gelingt es bestenfalls, bestehende Systeme zu erhalten, keinesfalls sie zu verbessern. Wer alles kontrollieren will, dem gerät vieles außer Kontrolle. Mikromanagement, die minutiöse Definition und Kontrolle der unternehmerischen Vorgänge, dauert und kostet. Beides ist nicht akzeptabel.
In den letzten beiden Jahrzehnten orientierte man sich gerne an Vorbildern wie Wendelin Wiedeking oder Steve Jobs. Der Chef als Coach, als Held oder als Visionär war geboren. Ein Visionär entwirft ein Bild von der Zukunft und vermittelt, warum diese für die Menschen erstrebenswert ist. Henry Dunant meinte, die Utopien von heute seien die Realität von morgen.
Der Unternehmenslenker des 21. Jahrhunderts wird mehr über Leadership wissen müssen als sein Pendant im 20. Jahrhundert. Rahmenbedingungen lassen sich nicht einfach ändern. Das Einzige, was veränderbar ist, ist unsere persönliche Einstellung gewissen Situationen gegenüber. Nehmen Sie leicht, was sein muss.

Machen Sie sich klar, wofür Ihr Unternehmen steht.

Machen Sie sich klar, wie Sie Ihren Unternehmenswert steigern können. Leader müssen einen Spagat zwischen nachhaltigen

Veränderungen der Unternehmenskultur und kurzfristig erzielbaren Erfolgen meistern. Diese schnellen Erfolge heben die gesamte Entwicklung auf ein höheres Niveau. Sie lassen sich auch in schwierigen Zeiten feiern und aktivieren die Begeisterung der Menschen.
Ein schneller Erfolg bezieht sich klar auf den eingeleiteten Wandelprozess, er ist für alle sichtbar und eindeutig. Mitarbeiter erkennen, dass sich der Einsatz lohnt und die Maßnahmen greifen. Die Leader haben dann einen ersten Realitätstest bestanden, Kritikern und Gegnern wird deutlich der Wind aus den Segeln genommen. Abwartende Beobachter und zurückhaltende Unterstützer sind aktive Teilnehmer. Eine positive Dynamik entsteht.

Was Sie als Leader bedenken sollten

- Sie sind nicht besser als Ihr Team. Niemand kann andere überragen. Diese Überzeugung führt zu flachen Hierarchien. Respekt erlangt jener, der jede Arbeit ausführt wie die anderen.
- Nur der positive Einsatz Ihrer Mitarbeiter schafft einen Gewinn.
- Niedergeschlagene oder pessimistische Menschen behalten Sie am besten nahe bei sich und ermuntern sie. Eine sehr zielführende Strategie.
- Was Sie aus Erfahrung lernen, ist essenziell für Ihr Gelingen.
- Planen Sie Rückschläge ein, um auf mögliche Konsequenzen vorbereitet zu sein.
- Bilden Sie Ihr Team, indem Sie Wissen teilen und eine Vision ausgeben. Geben Sie Informationen offen weiter.
- Fördern Sie Selbstständigkeit und nehmen Sie auf Bedürfnisse Rücksicht. Die Herzen der Mitarbeiter zu gewinnen, das ist schon genug, um Loyalität zu erreichen.
- Beachten Sie, dass Sie Vorbild sind. Immer. Vorleben, welches Verhalten erwünscht ist, und Vorangehen ist höchst effektiv.

- Die persönliche Einstellung Ihrer Mitarbeiter ist ebenso bedeutend wie ihre Begabung. Der Charakter Ihrer Leute ist nicht geringer einzuschätzen als ihre Qualifikationen.[105]
- Ihr Interesse und Ihre Wertschätzung für die Menschen ermöglichen Leistung.
- Haben Sie den Mut, Entscheidungen – auch unangenehme – zu treffen.
- Sorgen Sie für Kreativität und Bewegung in Ihrem Team. Zu starkes Streben nach Stabilität führt zu Stillstand.[106]

Qualität ist kein Zufall

Eine hohe Leadership-Qualität ist kein Zufall. Verabschieden wir uns von Gedanken, die das infrage stellen. Je eher, desto besser. Hingegen Fragen stellen und infrage stellen, ob wir uns in unserer Führungsaufgabe auf einem guten Weg befinden, das sollten wir durchaus. Und das täglich neu.
Mit einem massiven Aufwand werden Sie besser.

> **Wer übt, wird zwangsläufig besser. Das lässt sich gar nicht vermeiden.**

Leadership ist lernbar. Daher wäre es vermessen, sich dieser großartigen Möglichkeit zu verschließen.

Was bedeutet es, menschlich zu führen?
Wissen Leader, was sie vermeiden müssen?
Wie können Sie Leadership erfolgreich leben?

Leadership leben

Was Sie tun können:
Für mehr Menschlichkeit sorgen.

– Maren Lehky

6.

Die Menschen interessieren sich nicht dafür, welche Positionsbezeichnung ihr Leader genau trägt. Die Menschen lesen selten Führungsgrundsätze oder Parteiprogramme, sondern sie wollen wissen: Wer ist der Mensch hinter der Führungskraft?

Leader sein und Leadership leben ist eine Grundsatzentscheidung. Es handelt sich nicht um ein situatives Verhalten. Leader sind Sie immer.

Menschlich führen

Fürsorglich sein und Undenkbares tun

Ein Leader sorgt sich wirklich um seine Leute. Manchmal gelingt das mehr, manchmal weniger. Das entbindet uns jedoch nicht davon, es jeden Tag neu zu versuchen. Es war nicht viel, nein, es war bestürzend wenig, was Shackleton teilweise für seine Männer tun konnte, und doch war es das Maximum an Fürsorglichkeit in extremen Situationen.
Wer sich mit Mitarbeitern umgibt, nimmt zwangsläufig an den großen und kleinen, halbwegs geglückten oder verunglückten Lebensgeschichten dieser Menschen teil. Der direkte Zugang zu den anvertrauten Menschen entscheidet. Der Schwerpunkt liegt dabei auf der Einsicht.
Die Finanz- oder Controlling-Abteilungen sind von Mehraufwand durch Fürsorglichkeit nicht sonderlich angetan. Schließlich sind Führungskräfte ja da, um Erträge zu erzielen. Indessen hängen die Ergebnisse mit dem Unternehmensklima zusammen. Und dieses ist ein Wirtschaftsfaktor, auch wenn es sich nicht in Zahlen fassen lässt.
Im letzten Jahrhundert wurden Maschinen als Investitionen gesehen, denn sie bestimmten die Produktivität. Menschen waren

Kosten. Im 21. Jahrhundert müssen Menschen Investitionen sein. Nur der Mensch bestimmt über die positive Entwicklung eines Unternehmens, eines Landes, letztlich der ganzen Welt.[107]
Leader, die sich dessen schon heute bewusst sind, könnten Kinderbetreuungsplätze oder einen Betriebskindergarten einrichten, damit Familie und Beruf leichter vereinbar werden. Durch einen Frühstücksservice und ein wirklich gutes Kantinenessen fühlen sich die Mitarbeiter bestens umsorgt.
Heute messen sich Top-Unternehmen daran, wer seinen Mitarbeitern das beste Essen bietet. Kosten werden dabei nicht gescheut. Die positiven Auswirkungen auf die Unternehmenskultur sind merklich spürbar. Potenzielle Mitarbeiter fragen im Rahmen ihrer Bewerbung durchaus nach der vorhandenen Verpflegungsqualität.[108]
Gleitzeit und flexible Arbeitszeiten in möglichst allen Abteilungen umzusetzen nimmt die Menschen und ihre Bedürfnisse ernst. Manchmal einen zusätzlichen freien Tag bei besonderen Umständen oder Leistungen zu gewähren kommt finanziell garantiert durch Mehreinsatz zurück.

Das Höchste, was Sie durch Fürsorglichkeit erreichen können, ist ein angstfreies Arbeitsumfeld für jeden Ihrer Mitarbeiter.

Während Mitbewerber in der Branche gehörig kämpften, hat ein deutscher Autobauer im Jahr 2012 freiwillig im Stammwerk die 34-Stunden-Woche bei vollem Lohnausgleich eingeführt. Schon viel früher zeigte dieses Unternehmen seine Vorreiterrolle in undenkbaren Belangen. So regelte es die Lohn- und Gehaltsfortzahlung im Krankheitsfall auf eigenen Antrieb hin und führte erstmals ein 13. Monatsgehalt freiwillig ein. Dies geschah noch alles, bevor die Politik dafür Regeln aufstellte.
Die Ziele von Porsche waren damals und sind heute klar. In der Technik ganz vorne zu sein und auch sozial und menschlich ganz vorne zu sein. Eines bedingt das andere.

Wertschöpfung durch Wertschätzung

Ein Leader lässt jeden im Team seine Wertschätzung spüren. Die Menschen fühlen sich dadurch wichtig und ernst genommen. Es geht darum, Ziele zu erreichen und Stärken der Menschen sich entwickeln zu lassen, von denen sie gar nicht wussten, dass sie sie haben. Die Wertschätzung der Mitarbeiter ist nötig und unverzichtbar. Beispielsweise ist die Pünktlichkeit die Tugend der Könige. Heute zeigen leider viele ihre Wichtigkeit, indem sie andere möglichst lange warten lassen. Versuchen wir es doch mit Wertschöpfung durch Wertschätzung.
Inwieweit gelingt es Ihnen, die Herzen Ihrer Mitarbeiter zu erreichen? Führen heißt Leben in Menschen wecken, Leben aus ihnen hervorlocken. Führen bedeutet, immer wieder zu fragen, ob das Unternehmen am Puls der Zeit ist, ob es den Bedürfnissen der Menschen gerecht wird und ob es die Ressourcen der eigenen Mitarbeiter genügend ausschöpft.
Es geht um ein entsprechendes Arbeitsumfeld. Respekt heißt, dass man eine Grenze einhält, die den anderen leben lässt. Es gibt Organisationen, die Respekt zwar auf ihre Fahnen schreiben, jedoch nicht mit Inhalten füllen. Wertschätzung setzt Großzügigkeit voraus. Niemand kann Wertschätzung geben, wenn er engherzig und voll Neid ist.[109]

Ihre Wertschätzung generiert fähige Mitarbeiter.

Anerkennung bringt die Leute zum Laufen und sorgt für ein gutes Gefühl. Respekt zeigt sich in vielen Ausprägungen, nicht zuletzt beim Gehalt.
Eine selbst erlebte Begebenheit faszinierte mich als Student und freut mich noch heute. Ich erhielt eine interessante Ingenieurtätigkeit als Nebenjob, die zu dieser Zeit mit 12,- € in der Stunde sehr ansprechend bezahlt war. Nach etwa einem Jahr erlaubten sich ein weiterer Student und ich, den Geschäftsführer zu fragen,

ob er uns eine Gehaltserhöhung zugestehen könnte. „Welcher Betrag würde Ihrer Arbeit gerecht werden?“, fragte uns der Vorgesetzte. Als unsere Zielvorstellung gaben wir 15,- € an. Der Geschäftsführer versprach, unsere Anliegen zu prüfen. Nach wenigen Tagen holte er uns in sein Büro und sagte: „Ich habe mir Ihre Zahlen angesehen, Sie arbeiten schnell, fehlerfrei und auf dem Niveau unserer langjährigen Mitarbeiter. Ich bin darüber erfreut und deswegen in der Lage, Ihnen ab sofort 17,- € je Stunde bezahlen zu können.“ Wir sahen uns freudestrahlend an, waren absolut begeistert und unser Respekt und unser Engagement stiegen noch weiter.

Anerkennung wirkt positiv, schlechte Führungskräfte hingegen, auf welcher Ebene auch immer, bremsen alle. Nichts demotiviert Mitarbeiter mehr.

Wertschätzung macht sich auch im Informationssystem einer Organisation bemerkbar. Wissensmanagement ist mehr als ein Schlagwort. Wissen zu teilen und sich zu vernetzen ist erfolgsentscheidend. Leader müssen zudem die Fähigkeit mitbringen, zwischen unterschiedlichen Parteien wertschätzend zu vermitteln und Interessen zu koordinieren, um bestmögliche Ergebnisse zu erzielen.

Grundsätzliche Fragen und entscheidende Faktoren

Viele Führungskräfte haben sich eine Frage noch nie gestellt: „Was ist eigentlich mein Job?“ Zusammenarbeit organisieren und das Unternehmen zukunftsfähig machen, das ist ihr Job. Ein Unternehmenslenker muss sich fragen: Welche Abläufe in unserer Organisation fördern Zusammenarbeit? Was macht Kooperation wahrscheinlich? Das ist sein Führungsauftrag – und nicht irgendeine „Umerziehung“ von Mitarbeitern.[110] Leader haben eine Gemeinschaft zu schaffen, die ihre Mitarbeiter fördert, während sie den Auftrag der Organisation erfüllt.

Es gibt drei Faktoren, die bei Mitarbeitern Ruhe, Zufriedenheit und Leistung auslösen:

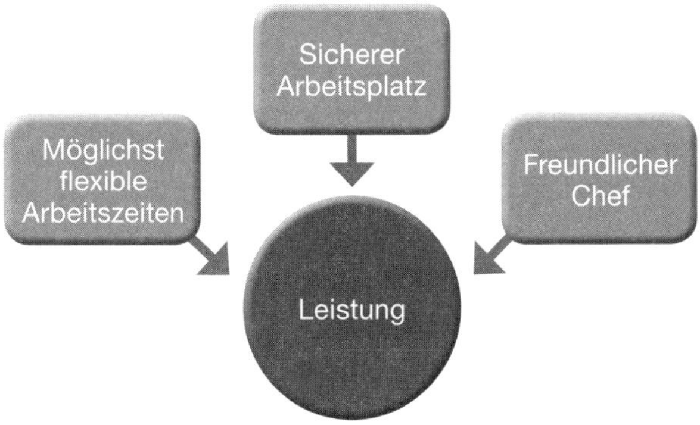

Die wesentlichen Einflüsse auf die Leistung der Mitarbeiter.

- Die wirtschaftliche Situation des Unternehmens und somit ein sicherer Arbeitsplatz ist die erste Komponente.
- Zweitens streben Mitarbeiter möglichst flexible Arbeitszeiten an.
- Und drittens bezeichnen sie einen „freundlichen" Chef als höchst wichtig.

Das ergab eine Bertelsmann-Studie.[111] Sämtliche Gewinne aus Rückenschule oder Stress-Management-Kursen verpuffen dabei gegenüber exzellentem Führungsverhalten.

Eine wesentliche Determinante der Motivation und Gesundheit von Mitarbeitern ist das Führungsverhalten von Vorgesetzten. Schlechte Chefs machen ihre Mitarbeiter krank. Dies wird vom Mitarbeiter nicht vergessen und wirkt fort – mit fatalen Folgen, auch für das Unternehmen. Kränkungen treiben die Fehlzeiten in die Höhe. Ein hoher Krankenstand der Beschäftigten zieht zusammen mit dem Vorgesetzten in eine andere Abteilung um.

Leadership behält die Erhaltung und Förderung der Gesundheit im Auge. Ein Fitnessstudio auf dem Firmenareal wäre traumhaft, oder wenn das Unternehmen selbst zu klein dafür ist, eine Jahreskarte für ein öffentliches Studio. Viele Firmen-Sportaktivitäten lassen sich relativ einfach aufbauen und finanzieren. Eine Lauf- oder Radgruppe bedarf nur der Initiative und einiger Trikots oder Jacken. Sportveranstaltungen können Sie als Firmenmeisterschaften oder Familiensporttage organisieren. Dies alles fördert die Gesundheit Ihrer Mitarbeiter, den Zusammenhalt der Organisation und darüber hinaus das Klima im Unternehmen. Zwanglose Veranstaltungen verbinden die Menschen.

Menschen verstehen

Der Mensch ist Mittelpunkt des Wirtschaftens.[112] Wer Menschen beschäftigt, kommt nicht umhin, sich mit diesen Menschen zu beschäftigen. Gutes Umgehen mit Menschen verlangt eine innere Distanz zu sich selbst, Freiheit von dem ständigen Kreisen um sich selbst, Freiheit von der Frage, was es einem bringt.
Ein Leader versteht es, die Menschen miteinander zu verbinden, versteht es, gegenseitiges Verständnis zu erzeugen. Gutes Umgehen spiegelt sich in der Unternehmenskultur wider. So arbeiten talentierte Köpfe für weniger Geld, weil sie Teil der Kultur einer besonderen Organisation sein wollen.
Johann Wolfgang von Goethe brachte es auf den Punkt: Ein edler Mensch zieht edle Menschen an und weiß sie festzuhalten.

Gute Leader ziehen gute Leute an.

Leader haben einen hohen Anspruch, sie streben große Menschenkenntnis und kluge Menschenführung an, sie versuchen die Schwächen der Menschen zu verstehen.[113] Humor ist dabei unbedingt erforderlich. Eine Führungskraft, die nicht lachen kann, sollte ihre Aufgabe hinterfragen. Ein Leader ist nie hochmütig und erhebt sich nicht über die Mitarbeiter. Leader wissen, dass sie niemals demütigen dürfen.

Das Spannungsfeld aus Einschränkung und Entlastung

Führung hat sowohl einschränkende als auch entlastende Aspekte. Einschränkend wirkt eine gewisse Entmündigung der Geführten. Durch begrenzte Handlungsspielräume kann nicht jeder überall mitentscheiden, muss aber Vorgaben erfüllen. Entlastende Aspekte liegen in der Vereinfachung von Prozessen, da sich nicht jeder Einzelne um alles kümmern muss, sich auf das System verlassen und mit dem vorgegeben Rahmen gut umgehen kann. Die Balance von Einschränkung und Entlastung, von Autorität und Unterstützung, ist ein spannendes und hochrelevantes Thema. Führen kann Schaden anrichten, aber auch vieles zum Guten bewegen.[114]

Leadership-Handeln wirkt dann schlecht, wenn es isoliert stattfindet. Alle Unternehmensebenen sollten vom Leadership-Gedanken beseelt sein. Unabhängig davon, wie fähig und motiviert ein Teamleiter auch immer ist, ohne die Unterstützung des Top-Managements fehlt es ihm an Durchsetzungskraft.

Leader wissen, was sie vermeiden müssen

Die Strategie schlechter Unternehmensführung scheint überall die gleiche. Man meidet die Nähe zur Basis, bleibt in seinen eigenen Kreisen und steigt nicht mehr auf die Ebene der einfachen Mitarbeiter hinab. Somit muss man sich auch nicht mit deren Problemen auseinandersetzen. Das können doch die Personalverantwortlichen übernehmen. Sie sind mittlerweile oft zu Be- und Entsorgern von Personal verkümmert.

Die Zeit der Macher

Leadership besteht nicht in der Ideologie eines Machers, sondern darin, seine Visionen zu kommunizieren. Ein aktuelles Wirtschaftsbuch trägt den Titel: „Die Zeit der Macher ist vorbei."[115]
Ich nehme an, es handelt sich dabei um die Zeit der Schwachmacher, die der Kleinmacher, die der Schlechtmacher. Das Ergebnis dieser Macher: blockierte, unfreie und unselbstständige Befehlsempfänger.
Gute Führung bedeutet, dass ein Leader es nicht nur nach seinen Vorstellungen macht und alles besser weiß, sondern gemeinsam nach einer Lösung sucht. Und dass er ein Team formt, das in der Lage ist, die richtigen Antworten zu finden. Doch jeder Leader muss auch etwas von einem Macher haben, etwas tun, können, umsetzen. Wer als Führungskraft seine Leute zur Unselbstständigkeit erzieht, Unsicherheit verbreitet, Menschen kultiviert unterdrückt – was subtil und schwer erkennbar ist – wer so handelt, befindet sich in einer aussichtslosen Position. Seine Zeit ist wirklich vorbei.

Schon im 6. Jahrhundert waren sieben schlechte Führungseigenschaften bekannt. Leader vermeiden diese auch heute intuitiv:

1. *Hochmut und Ruhmsucht:*
   Unternehmenslenker sind davor nicht gefeit – gerade wenn sie schon Überdurchschnittliches geleistet haben. Gute Führungskräfte umgeben sich mit integren Personen, die ihnen ausgleichendes Feedback geben.

2. *Geiz und Habgier:*
   Habgierige finden Beziehungen nur wichtig, solange sie davon profitieren. Habgierigen stärkt in kritischen Situationen niemand den Rücken. Doch kompetente Partner sind für die Zielerreichung wichtig.

3. *Verschwendung und Ausschweifung:*
   Wenn Führungskräfte mit den Dingen maßlos umgehen, lässt sich das mit ihrem Unternehmen identifizieren. Gute Leader fragen sich, wie ihr Handeln auf ihr Umfeld wirkt.

4. *Zorn und Vergeltungssucht:*
   Wer ein ehrliches Wort wagt, wird entlassen. Die Führungskraft ist isoliert, zu ihr dringen nur noch ausgewählte und oft geschönte Informationen vor. Ein falsches Wort hat schon langjährige Beziehungen zerstört.

5. *Unmäßigkeit:*
   Schnell verlieren Dinge ihren Reiz. Die Dosis muss erhöht werden, um noch empfinden zu können. Führungskräfte hören besser auf die Warnungen ihrer Vertrauten und gönnen sich Auszeiten.

6. *Neid und Missgunst:*
   „Ich muss der Beste sein." Anderen gönnt man keine guten Ergebnisse. Also sind diese zu zerstören oder zu relativieren. Das macht es unmöglich, vom anderen zu lernen. Echte Leader gönnen anderen ihren Erfolg.

7. *Trägheit des Geistes:*
   Wer sich als Führungskraft nicht hinterfragt, entwickelt sich nicht weiter. Leader jedoch gehen mit offenen Augen durchs Leben. Sie suchen das Gespräch mit Menschen, die etwas bewegen wollen.[116]

Die Zeit der Macher ist heute vorbei, genauso wie eine andere Führungsstruktur obsolet erscheint.

Streng militärische Führung

Die Gegenüberstellung historischer Führungsstile verdeutlicht, dass es teilweise sinnvoll sein kann, militärische Elemente zu verwenden. In einer bedrängten Situation, wenn eine krisenhafte Problemlage eine klare Entscheidung innerhalb kurzer Zeit erfordert, darf es keine Diskussionen geben. Die eigene Führungsstrategie streng militärisch anzulegen führt aber ins Abseits – rufen wir uns nur die heute anders sozialisierten Menschen in Erinnerung. Wir müssen weg von der Sprache des Militärs, wir müssen auch weg von seiner Planung und Strategie.
Die Verbesserungskultur in einer Organisation ist oft Ausdruck des vorherrschenden Führungsstils. Ein Leader nimmt Anregungen nur zu gern an und integriert die Denkleistungen aller zu einem gemeinsamen großen Ergebnis. Militärische Anführer hingegen werten Vorschläge häufig als Angriff, wissen sie doch selbst alles ganz genau und natürlich auch besser.
Der Leader führt nicht mit Arroganz und strenger Hierarchie. Er genießt Autorität als demokratische Führungskraft, ohne je autoritär aufzutreten. Er schafft nicht Regeln und Hierarchien, sondern ein Klima der Inspiration. Er kann nach innen gut zuhören und nach außen für alle sprechen. Der Leader befiehlt nicht. Sein Wort hat mehr Gewicht. Leadership leben hat definitiv nichts mit Befehlen zu tun.

Definitiv nicht nachahmenswert

Leader spüren und wissen, was sie besser vermeiden:

- Andere klein machen, um an die eigene Größe glauben zu können. Dabei geht es der Führungsperson nur um sich selbst und die Kompensation des eigenen Minderwertigkeitskomplexes. Jeder, der beliebter oder besser ist als der Führungsverantwortliche selbst, wird entlassen. Dadurch geht enorm viel Energie in Organisationen verloren.
- Potenziale vergeuden Vorgesetzte dann, wenn sie gute Leute falsch einsetzen oder deren Kompetenzen beschneiden.
- An das Ziel „prügeln" Menschen im Unternehmen oder im Sport andere Menschen, wenn sie kurzfristig mit guten „Einzelspielern" ganz oben sind, aber nachhaltig kein Team formen. Bereits nach ersten Großtaten bleibt es oft nicht aus, dass sich der Chef oder Trainer sich mit exakt diesem Stil neuen Aufgaben zuwendet.
- Wer zum Schlechten beeinflusst, ist kein Leader.

Die Tendenz, den gesunden Menschenverstand nicht zu nutzen, macht auch vor der Menschenführung nicht halt. Viele Menschen verwechseln Führen mit Staubaufwirbeln. Eine wichtige Person erscheint, wirft alles durcheinander, macht ein Theater – auch um sich selbst – und hinterlässt verstörte Mitarbeiter. Diese Führungsperson handelt natürlich nicht gerne so, doch müssen alle verstehen, dass Zeit bei Menschen in Führungsverantwortung knapp und teuer ist. Und diese Person muss verstehen, das Zeitnot heutzutage als Statussymbol nicht mehr taugt.
Es gibt Menschen in Führungspositionen, die vollends in einer Aufgabe aufgehen und nicht bemerken, dass sie vermitteln: Ich habe zwar keine Lösung, aber ich bin fasziniert vom Problem. Diese Menschen irren vorwärts. Wer zu erklären versucht, wovon

er nichts versteht, und wünscht, ganz woanders zu sein, wird schwerlich vorbildhaft agieren.
Einige meinen fragen zu müssen, wem sie was sagen oder nicht sagen sollten. Dürfen alle wissen, was ich weiß? Wie und in welchen Dosen wäre es möglich, meine Mitarbeiter zu informieren? Was könnte und sollte ich zurückhalten? Es ist bekannt, dass sich Führungspersonen auf den Schlachtfeldern des Konjunktivs selbst schwer schädigen.

Mit dem Wissen von gestern mutlos in die Zukunft

Fraglich ist, wie Organisationen mit dem Wissen von gestern die Zukunft angehen. Heute entscheiden in überalterten und gleichgeschalteten Gremien oft Leute, die ihre Zukunft schon hinter sich haben. Da sitzen gleich alte, gleich sozialisierte, gleich ausgebildete Menschen meist gleichen Geschlechts mit gleicher Hautfarbe und gleichen Ideen. Sie nicken alle alles ab. Es herrscht selten Konfrontation, dafür stets hohe Übereinstimmung. Außenstehende fragen sich: Wo bitte lassen die denken? Genau diese Unternehmenslenker führen in die Krise und in die Ausweglosigkeit.
Ausweglosigkeit darf es gar nicht geben. Auf das Kämpfen kommt es an. Es darf keinen verlorenen Posten geben.[117] Mutlosigkeit und voreiliges Aufgeben haben mit Leadership nichts zu tun. Trägheit macht nur traurig. Es macht einen Unterschied, ob man aufgibt, weil man nicht mehr will oder weil man weiß, dass man geschlagen ist. Fatal ist es, wenn wir auf Menschen treffen, die an nichts mehr glauben, die es einfach nicht mehr schaffen und es auch nicht mehr schaffen, glücklich zu werden.
Wenn sich jemand eine Führungsrolle anzueignen versucht, ohne als Leader ausgewiesen zu sein, ohne entsprechende Qualitäten also, wird er nicht als Führungskraft anerkannt. Vetternwirtschaft

erzeugt nur Spaltung und Eifersucht. Irre-Führer erkennt man daran, dass im Unternehmen überwiegend mit zynischem Unterton von ihnen gesprochen wird. Unreife Menschen verwenden ihre Energie darauf, um Macht und Einfluss zu kämpfen. Es geht ihnen um persönliche Eitelkeiten. Das geschieht auf Kosten des Unternehmens, ja sogar der Gesellschaft. Solche Führungskräfte verwenden alles – auch Menschen – nur dazu, ihr Ansehen und ihre Ergebnisse zu vergrößern.
Wer bloß auf den Status quo bedacht ist, hat schon verloren.[118] In kritischen Zeiten braucht es eine weiter ausgreifende Perspektive als das „Klein-Klein des bloßen Durchschlängelns".[119] Führungsverantwortliche dürfen sich nicht von der Außenwelt abhängig machen. Ist die Außenwelt gut, geht es ihnen gut, ist sie schlecht, geht es ihnen entsprechend schlecht. Es sind nicht Kalamitäten, die entscheiden, sondern die eigene Haltung.
Neu anfangen kann man nur, wenn man richtig aufgehört hat. Es wäre grenzenlos naiv, die hier angeführten Handlungsweisen als allein verantwortlich für schlechtes Leadership anzuklagen.

Leadership erfolgreich leben

Ein Leader beeinflusst zwangsläufig die Ziele und Motive seiner Mitarbeiter. Menschen vertrauen eher einem Leader, der Zuversicht vermittelt und eine Perspektive bietet, als einem, der auf die wichtigen Existenzfragen der Organisation und damit auch der Mitarbeiter keine Antworten geben kann oder will.

Dabei lenkt der Leader seine Gefolgsleute maßgeblich durch:

- Glaubwürdigkeit und Vertrauen: Wir haben die Führungskompetenz.
- Zuversicht: Wir gestalten eine erstrebenswerte Zukunft.

- Orientierung: Das sind unsere Ziele und auf diesen Wegen erreichen wir sie.
- Sinn: Die Ziele und Wege sind sinnvoll, weil …
- Identität: Das ist unser Alleinstellungsmerkmal.
- Werte: Dafür stehen wir. Das prägt uns.
- Aktivitätsmuster: So denken, handeln und verhalten wir uns.
- Identifizierung: Die Mitarbeiter gehören zu uns. Wir sind eins.
- Mitwirkung: Bringen Sie sich ein. Ihr Beitrag ist gefragt.[120]

Eine Führungspersönlichkeit begeistert und zieht Menschen an.

Followership

Das Pendant zum Leadership ist das Followership. Leadership ohne Followership ist ein Ding der Unmöglichkeit. Ein Leader hat nicht einfach Mitarbeitende. Er hat die Chance, Begleiter und Mitstreiter zu bekommen. Sie sind wie er bereit, den Extraschritt für das Team, die Kunden und das Unternehmen zu gehen. Sie denken selbstverantwortlich und handeln eigeninitiativ.
Die einfachste Beschreibung von Leadership ist jene, dass ein Leader jemand ist, der Menschen hat, die ihm gerne nachfolgen. Wir können Leadership auch über die Motivbefriedigung definieren. Leadership bedeutet, die Motive jener zufriedenzustellen, die einen begleiten.[121]
Die Anhänger folgen freiwillig, und nicht weil sie dies müssen. Mitarbeitern zu sagen, was sie zu tun haben, macht sie nicht zu Mitstreitern. Der Leader muss ihr Herz gewinnen. Sie davon überzeugen, auch neue Wege zu gehen und Risiken in Kauf zu nehmen, die sie sonst meiden würden. Ein Team erledigt Aufgaben effektiver und effizienter, erkennt Risiken früher und lebt vom guten Unternehmensklima.
Menschen folgen anderen nicht allein deshalb, weil Leader nur gute Nachrichten verbreiten, tolle Ergebnisse erzielen und alles

bestens ist. Menschen, die anderen folgen, wollen ernst genommen werden. Die Begleiter zeigen ihre Loyalität auch in schwierigen Zeiten.
Leader führen nicht nur ihre Mitstreiter, sondern auch sich selbst.

Sich selbst führen

Sekundärtugenden wie Fleiß, Genauigkeit und Höflichkeit sind für Leader wesentlich. Doch müssen wir diese Tugenden infrage stellen, da man nach Oskar Lafontaine mit Sekundärtugenden wie Pflichtgefühl, Berechenbarkeit, und Standhaftigkeit auch ein Konzentrationslager führen könnte. Werte und Tugenden allein reichen also nicht aus, um als wahrhaft edler, wertetreuer und anständiger Mensch zu gelten. Dazu gehört unweigerlich mehr.
„Erkenne dich selbst!" Diese Inschrift im Apollo-Tempel in Delphi ist der erste mögliche Zugang zur Selbstführung. Würden nur Politiker, Popstars, Poeten, Propheten und Professoren einen Weg vorgeben, wären wir um vieles ärmer.
Jeder Mensch in Führungsverantwortung kann nur seinen eigenen Weg gehen. Es geht unabwendbar darum, im Einklang mit sich zu sein und sich selbst zu mögen.

> **Es ist wichtig, dass Sie als Leader Orientierung vermitteln. Dafür müssen Sie selbst über Orientierung verfügen.**

Unter dem Begriff „Marshmallow-Effekt" ging in den 1960er-Jahren ein Experiment zur Impulskontrolle in die Psychologiegeschichte ein. Dabei bekamen vierjährige amerikanische Vorschulkinder aus allen sozialen Schichten eine Süßigkeit namens Marshmallow und wurden vom Versuchsleiter vor eine interessante Wahl gestellt: „Ihr könnt den Marshmallow gleich essen oder bis zu meiner Wiederkehr damit warten, dann bekommen alle, die warten konnten, noch zwei Marshmallows dazu.“ Die Wartezeit von etwa 15 Minuten gestaltete sich spannend. Einige aßen ihren Marshmallow impulsiv und innerhalb von Sekunden auf. Andere überbrückten die Wartezeit mit Singen, Augen zuhalten, zum Fenster raussehen und den Kopf auf die Arme legen. Manche führten Selbstgespräche: „Ich will zwei, ich warte.“ Diejenigen, die der Versuchung widerstanden hatten, zeigten später in einer Längsschnittstudie, unabhängig von ihrer Intelligenz, größere soziale Kompetenz. Sie waren durchsetzungsfähiger und selbstbewusster. Die Geduldigen hatten in Beruf und Leben mehr erreicht. Manche hatten das Wesentliche schon im Alter von vier Jahren begriffen, sie waren in der Lage, die Situation als eine zu deuten, in der Aufschub vorteilhaft war. Die Fähigkeit, Impulse unterdrücken zu können, ist die Grundlage für Wille und Charakter.

Menschen, die sich selbst gut führen können:

- setzen sich angemessen durch
- sind kontaktfähig und sozial kompetent
- meistern Frustrationen besser und geben bei Schwierigkeiten nicht gleich auf
- neigen weniger dazu, unter Stress nervös zu werden oder zusammenzubrechen
- können auf etwas verzichten
- können ihre Aufmerksamkeit zum eigenen Vorteil selbst steuern
- wissen, dass viele Problemlagen über aktives Verhalten zu bewältigen sind
- können ihre intellektuellen Fähigkeiten ausschöpfen
- verfügen über ein gutes Zeitmanagement.

Leader haben ein positives Selbstkonzept, das die Wahrnehmung und das Wissen um die eigene Person umfasst.

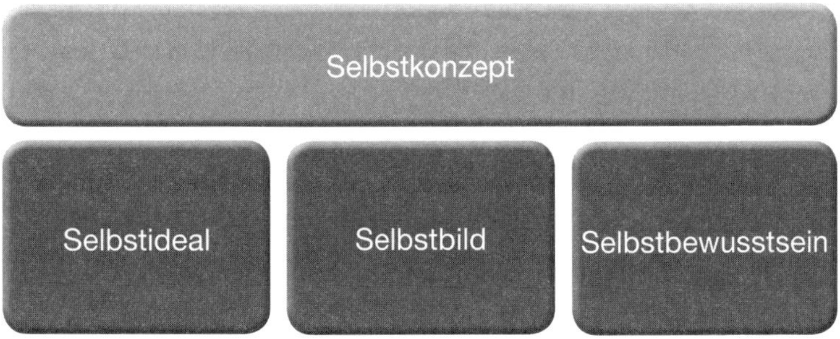

Das Selbstkonzept des Leaders ruht auf drei Säulen.

- Selbstideal: Ein klares Selbstideal führt zu entschiedenen und motivierten Handlungen.
- Selbstbild: Die Art und Weise, wie jemand sich sieht und über sich denkt. Ein positives Selbstbild ist die Grundlage für Erfolg.
- Selbstbewusstsein: Es bestimmt Persönlichkeit, Energie und Gefühle. Es bestimmt auch den Eindruck, den Sie selbst auf andere Menschen machen.[122]

Persönliche Kompetenzen wie Selbstwahrnehmung und Selbstmanagement entscheiden, wie gut Sie sich selbst führen. Sie sollten die eigenen Werte und ihre Reihenfolge kontinuierlich überprüfen. Ausgeglichene Menschen wissen sehr genau, was ihnen im Leben wichtig ist, und sie missachten Werte nur selten. Ein Leader ist Entscheider, dafür braucht er die Gabe und die Konsequenz, unterscheiden zu können.

Unterscheidungsfähigkeit

Gute Leader können exakt trennen und sind nicht harmoniesüchtig. Wer unterscheiden kann, der kann auch entscheiden. Trennschärfe, beruhend auf Fakten, Beobachtung und Empathie, ist ein wichtiges Instrument. Tatsachen bedürfen keiner Deutung. Dies zu erkennen und zu akzeptieren erleichtert vieles.
Ungenauigkeiten in der Diktion vermeidet ein Leader tunlichst. Er hat die Größe, über gewisse Fehler hinwegzusehen, macht aber seine Mitstreiter auf eklatante Schwächen aufmerksam. Sie bekommen dadurch Gelegenheit, an sich zu arbeiten.[123] Mitarbeiter schätzen Gerechtigkeit. Ein Leader darf ruhig streng sein. Wenn er gerecht ist und unbestechlich in seinem Urteil, dann wird er von allen geachtet.
Man muss einer Organisation immer ein Maximum an Klarheit geben.[124] Wer andere führen will, muss sich klar und zügig entscheiden. Ein Leader kann nicht immer warten, bis alles hundertprozentig ersichtlich ist. Er kann auch nicht immer aus Angst, entscheiden zu müssen, für alle Möglichkeiten offen sein. Wer ständig für alles offen ist, ist nicht ganz ehrlich. Wer Entscheidungen fortlaufend aufschiebt, bremst seine Mitarbeiter in ihrem Elan und macht sie unzufrieden. Dies führt zu Aggressionen und einem beeinträchtigten Betriebsklima.
Was ist aber wertvoll oder wertlos, was sinnvoll oder sinnlos? Die Trennschärfe, der Blick für das Wesentliche macht es aus. Er entscheidet zwischen Gelingen und Misslingen. Leader müssen sich von überholtem Wissen und unzureichenden Methoden trennen. Entscheidungen sind von hoher Dynamik, Vernetztheit und Komplexität geprägt. Der Anteil von Routineentscheidungen sinkt. Zugleich steigen die Anforderungen an die Entscheidungsqualität. Die meisten Entscheidungen sind Entscheidungen, die konkurrierende Ziele anstreben. Die Intuition spielt dabei eine bedeutende Rolle.

Führungsstärke ist Entscheidungsstärke, Mut und Zuversicht.

Leadership heißt Mut machen

Niemand wird mutig geboren. Mut kann man entwickeln, da sind sich die Experten weitgehend einig. Leader sind zuversichtlich und vertrauen auf ihre eigene Gestaltungskraft und die Potenziale ihres Teams.[125] Sie stellen sich schützend vor ihre Leute, wenn Fehler passiert sind. Zudem können sie sich und anderen eingestehen, dass sie sich geirrt haben. Leader stecken sich ambitionierte Ziele. Sie halten an etwas fest, von dem sie überzeugt sind. Selbst wenn sie dabei gegen den Strom schwimmen.
Mutmacher bestärken das Team im Glauben an die eigenen Fähigkeiten. Ein Leader erfindet neue Wege, während er geht, weil er über die nötige Zuversicht verfügt.
Das Wuchern von Bürokratie in Organisationen ist der präzise Hinweis auf mutlose Führung.[126] Eine positive Grundhaltung ist die zentrale Voraussetzung. Es gehört oft mehr Mut dazu, seine Meinung zu ändern, als ihr treu zu bleiben. Sie dürfen den Mut haben, zu Ihren Wünschen, zu Ihrem Weg zu stehen. Ihr Credo in schwierigen Situationen ist: Was denke ich und was wäre günstiger zu denken? Mit dem Blick nach vorne erkennen Sie Wesentliches. Mutig und zeitnah gilt es sich darum zu kümmern, Menschen für das Unternehmen zu begeistern.

Gute Leute sind knapp

Was bislang an technokratischen Führungsinstrumenten noch funktionierte, verliert zusehends an Wirkung. Die „Ressource“ Mensch wird immer wertvoller. Auch aus Gründen des demografischen Wandels. Es wird schwerer, „guten Nachwuchs“ zu

finden.[127] Das Arbeitskräftepotenzial wird deutlich schrumpfen und die Beschäftigten werden im Durchschnitt älter sein.
In den nächsten zehn Jahren erwarten wir ein Minus von 29 Prozent an Erwerbstätigen, die sich in den Ruhestand verabschieden. Im selben Zeitraum kommen nur zwölf Prozent neue Erwerbstätige dazu. Die Zahl der Menschen, die in modernen Gesellschaften und in der Industrie arbeiten können, beträgt weltweit 240 Millionen. Das dürfte Sie als Leader unmittelbar betreffen. Egal was Sie erzeugen oder vertreiben. Es werden nicht mehr.[128]
Die zentrale Kompetenz von Führungskräften entwickelt sich in zwei divergierende Richtungen. Einerseits die Generation Y in das Arbeitsleben zu integrieren und andererseits Menschen, die in den Ruhestand gehen könnten, noch gesund und motiviert in der Organisation zu halten.
Interessant ist, was junge Menschen heute von Unternehmen wollen: soziale Anerkennung, Werte und Ethik. Erst nachgereiht folgen Geld oder ein Firmenwagen. 25 Prozent der städtischen Jugendlichen haben keinen Führerschein, sie sind über Social Media, Cloud und Problemlösung durch Posting ganz anders mobil.[129] Die Generation Y, auch als iGeneration oder Generation Ego bezeichnet, denkt so: Privilegiert bin ich nur, weil ich das tue, was ich am besten kann, und weil es mit meiner persönlichen Lebensfreude zu rechtfertigen ist, nicht mit dem Nutzen schlechthin. Es strömen frei denkende Menschen mit großem Veränderungspotenzial in die Arbeitswelt.
Indes ist der Erfahrungsschatz von Mitarbeitern gegen Ende ihres Berufslebens riesig und für die Wirtschaft zusehends unverzichtbar. Ältere Beschäftigte sind nicht weniger, sondern anders leistungsfähig als jüngere. Eine gemischte Altersstruktur ist sehr erfolgreich und produktiv, wenn der Leader neue Ideen von Jüngeren mit dem Erfahrungsschatz der Älteren kombiniert. Organisationen können es sich heute weniger leisten, auf die älteren Generationen zu verzichten. Vorausblickende Leader schaffen

Angebote dafür, diese möglichst lange gesund und motiviert im Unternehmen halten zu können. Für die älteren Beschäftigten ist die wertschätzende Haltung des Leaders die Hauptmotivation, zu bleiben. Es liegt im Eigeninteresse der Unternehmen, sich besser heute als morgen damit zu beschäftigen.
Leader müssen erkennen, dass eine Aufgabe nicht nur von Mensch zu Mensch wechselt – entsprechend der Einzigartigkeit jeder Person –, sondern auch von Stunde zu Stunde, gemäß der Einmaligkeit jeder Situation.[130]

Veränderungen umsetzen

Ein Leader hat auch im Blick, was links und rechts vom Tagesgeschehen abläuft. Nur in Ausnahmesituationen ist er im Tagesgeschäft tätig. Er befasst sich idealerweise mit den Aufgaben und Zielen von morgen. Und übermorgen.
Für angestrebte Veränderungen setzen Sie am besten dort an, wo der gewünschte Effekt oder das Problem am deutlichsten veranschaulicht wird:

1. Wecken Sie Bewusstsein, dass ein dringliches Problem zu lösen ist.
2. Wählen Sie Ihr Team sorgfältig aus und betrauen Sie es mit der Neuerung.
3. Entwickeln Sie eine Vision und eine Strategie der Veränderung.
4. Werben Sie um Verständnis und Akzeptanz für den Wandel.
5. Sichern Sie den Akteuren Handlungsfreiräume.
6. Sorgen Sie für erste Erfolgserlebnisse.
7. Sichern Sie Nachhaltigkeit in einer neuen Kultur.[131]

Vermitteln Sie durch überraschende und sichtbare Eindrücke bleibende Einsichten. Diese Einsichten verändern, was die Menschen bezüglich einer Situation empfinden.

Für jeden Wandel gilt es, Informationen zu sammeln und zu analysieren. Also Augen und Sinne offen zu halten, um Veränderungen zu erspüren. Genau das müssen Sie machen. Wenn Sie das nicht machen, dann kümmern sich andere darum.
Es ist wesentlich, die Entwicklung der Organisation voranzutreiben. Es besteht geradezu eine Verpflichtung, ständig innovativ zu sein.

Innovationen vorantreiben, aber nicht einseitig agieren

Innovationen können auch von erfolgreichen Menschen nicht immer richtig eingeordnet werden. So soll der IBM-Vorsitzende Thomas Watson im Jahr 1943 gesagt haben: „Es gibt meiner Einschätzung nach lediglich einen Weltmarkt für fünf Computer." Der Branchenkenner Watson irrte aus heutiger Sicht gewaltig, wir lächeln vermessen darüber.
Härter arbeiten, schlauer und schneller sein, aggressiver werben und besser auf die Kunden hören sind die richtigen Lösungen für viele Innovationen. Doch erweisen sich diese Lehrsätze guten Managements manchmal als vollkommen wertlos, in vielen Fällen gar als kontraproduktiv. Die Schwierigkeit liegt nicht darin, neue Ideen zu finden, sondern vielmehr darin, die alten loszuwerden.
Kürzlich haben Wissenschaftler den Untergang diverser marktführender Unternehmen im 19., 20. und 21. Jahrhundert untersucht. Das Erstaunliche daran: Alle haben alles richtig gemacht, aber nur eine bestimmte Art der Innovation vorangetrieben. Wie kann ich meine Produkte weiterentwickeln? Marktführer sind gut darin. Daran scheitern sie niemals. Viel eher allerdings an großen Umbrüchen in der Branche. So schaffte es kein Hersteller von Segelschiffen, auf Dampfschiffe umzustellen, kein Seilbaggerhersteller konnte mit Hydraulikbaggern reüssieren und der Umstieg von Analog- auf Digitalfotografie zeigte ähnliche

Auswirkungen – was den Untergang der betreffenden Unternehmen nach sich zog.
Dass führende Organisationen scheitern, weil sie im Grunde alles richtig machen, klingt paradox – zumindest auf den ersten Blick. Kundenorientierung und Innovation, Ertragsorientierung und gute Planungssysteme gehören zum Repertoire korrekten Managements. Es gibt aber Situationen, in denen genau dies geradewegs in den Untergang führt. Bei bahnbrechenden Veränderungen, sogenannten disruptiven Innovationen, versagen die klassischen Management-Ansätze.[132] Oft werden Entscheidungen, die zum Niedergang führen, zu einem Zeitpunkt getroffen, zu dem diese Unternehmen als die besten ihrer Branche gelten. Sie werden so gut gesteuert, wie sie Manager eben steuern können. In diesen Fällen führt richtiges Management letzten Endes zum Scheitern.[133] Und jetzt wird es richtig interessant: Vieles von dem, was man allgemein als richtiges und gutes Management wertet, führt nur unter bestimmten Konstellationen zu guten Ergebnissen. Wandel ist für klassische Manager schwieriger zu meistern. Heute müssen Leader erkennen, dass bewährte Fähigkeiten, Unternehmenskulturen und Managementpraktiken nur unter gewissen Bedingungen Erfolg generieren.
Etablierte Unternehmen sind nur dann unantastbar, wenn sie eine kleine Organisationseinheit schaffen, die völlig unabhängig arbeitet, sich mit kleinen Schritten zufriedengibt und sich dafür auch leidenschaftlich begeistert.

Wenn die Fähigkeiten des Unternehmens nicht den aktuellen oder zukünftigen Erfordernissen des Marktes entsprechen, gibt es drei Optionen:

- Ein Unternehmen akquirieren, das den Anforderungen entspricht.
- Versuchen, die Prozesse und Werte des Unternehmens zu verändern.

- Einer unabhängigen Organisationseinheit Freiheit und Chancen geben, die neue Marktaufgabe zu lösen.[134]

Die vorherrschende Unternehmenskultur beeinflusst den erreichbaren Innovationsgrad immens.

Unternehmenskultur und Innovation

Basis für Erfolg und Unternehmenswert ist die Unternehmenskultur. Die Macht der verankerten Kultur ist groß, weil die Kultur durch viele entsteht. Sie ist deshalb so groß, weil dies teilweise unbewusst geschieht und die Kultur daher kaum diskutiert oder infrage gestellt wird. Einfach deshalb so groß, weil die Menschen im Unternehmen danach ausgewählt und fortgebildet werden. Führungskräfte, die den Innovationsgeist ihrer Mitarbeiter stärken wollen, müssen bei der Unternehmenskultur ansetzen und unterschiedliche Meinungen zulassen und schätzen. Querdenker bringen eine Organisation voran, wenn die Mitglieder hierarchiefrei Ideen und Vorschläge einbringen können.[135]
Erfolg verkürzt sich für viele auf das Zuweisen der richtigen Leute. Das ist eine gefährliche Annahme. Um erfolgreich zu sein, reicht es nicht aus, gut darin zu sein, einzelne Mitarbeiter auszuwählen oder zu entwickeln. Um wirklich erfolgreich zu sein, muss man die gesamte Organisation selbst ständig weiterentwickeln. Es geht darum, Marktführer und nicht „Folger" der anderen zu sein.
Neuausrichtungen sind zum Scheitern verurteilt, wenn die Mitarbeiter nicht hinter ihren Führungskräften stehen. Um neue Ideen zu verwirklichen, müssen Leader vor allem revolutionär denken. Innovativ ist nur der, der dorthin geht, wo die anderen nicht sind.
Innovationen können auf der Ebene der Produkte, der Verfahren, der Organisation und in Sozialinnovationen wirksam werden.

Für Sie kann innovativ sein bedeuten:

- Sie geben sich nicht mit dem zufrieden, was Sie heute bieten.
- Ihre Innovationskraftkraft muss so groß sein, dass Sie Ihre eigenen Produkte am Markt ablösen.

Für Ziele, die Sie noch nie zuvor erreicht haben, müssen Sie ganz einfach Dinge tun, die Sie noch nie zuvor getan haben.

Um das machen zu können, brauchen Sie eine hohe Eigenmotivation und viel Überzeugungskraft. Führungskräften, die rhetorisch überzeugen, fällt es leichter, Menschen für Neues zu begeistern.

Die Rede, ein wirksames Führungsinstrument

Ein zentrales Element von Leadership ist die Rede. Dabei geht es nicht um die abgelesene und aufbereitete Folien-Präsentation, auch nicht um eine inszenierte Show, sondern darum, in freier Rede die Zuhörer wirklich zu erreichen. Mit dem Ziel der freiwilligen Zustimmung, aktiven Unterstützung und Gefolgschaft.
Menschen in Spitzenpositionen sind oft gute Redner. Sie kämpfen nicht nur um den Verstand der Zuhörer. Die meisten gängigen Kommunikationsinstrumente sind ohnehin denkbar ungeeignet: zu nüchtern, zu sachorientiert, zu unpersönlich. Sie sind in erster Linie nur dazu da, Fakten zu übermitteln.
Für die Entscheidung, sich einem Leader anzuschließen, ist bedeutsam, ob Menschen darauf vertrauen, dass er seinen vollen Einsatz in die Waagschale wirft und Ideen realisiert. Viele Menschen möchten Teil von etwas Großem sein, sie sehnen sich danach, einen Beitrag dazu zu leisten. Was politische und religiöse Demagogen leider zu allen Zeiten ausgenutzt haben.
Mit der Rede erhebt ein Leader einen Führungsanspruch. Er will

nicht nur Zustimmung, er will, dass die Leute ihn begleiten. Der Redner thematisiert nicht bloß das Angenehme, sondern auch das Unangenehme. Welche Anstrengungen und Entbehrungen kommen auf die Leute zu? Die Zuhörer entscheiden sehr intuitiv, ob sie ihm folgen.
Führungskräfte kommunizieren in der Regel viel zu wenig. Exzellentes Sprechen kann man von einem Leader durchaus verlangen. Begeisternde Reden halten zu können ist eine wichtige Fähigkeit. Wer nicht gut reden kann, kann etwas dagegen tun. Er sollte zumindest versuchen, es zu lernen.

Was können Sie sonst noch tun?

- Beachten Sie das wesentliche Ziel und seien Sie bereit, Risiken zu übernehmen.
- Schaffen Sie ein Unternehmen, in das die Mitarbeiter morgens gerne kommen.
- Setzen Sie das Potenzial Ihrer Mitarbeiter frei.
- Sorgen Sie dafür, dass Ihre Mitarbeiter Verantwortung übernehmen.
- Behandeln Sie jeden, auch Andersdenkende, mit Respekt und binden Sie diese Leute in den Entscheidungsprozess ein.
- Unangemessenes Verhalten dürfen Sie bei niemandem tolerieren. Mit Ihrem sichtbaren Verhalten und mit symbolhaftem Tun sind Sie Vorbild.[136]
- Leben Sie Optimismus und Selbstvertrauen.
- Minimieren Sie Hierarchieunterschiede – fördern Sie Höflichkeit und Respekt.
- Finden Sie Gelegenheiten zum Feiern und Lachen.
- Geben Sie nie auf. Es gibt immer alternative Schritte.[137]

Ihre Wirkung entfalten diese Punkte keinesfalls durch engstirniges und einfallsloses Abarbeiten. Es hat vielmehr etwas Faszinierendes, sich in einem Umfeld zu bewegen, das einen Erfolg lernen lässt. Menschen können dadurch persönliches und berufliches Wachstum erleben.
Wenn der Erfolg jemandem treu bleibt, so liegt es daran, dass er sich mit langem Atem auf die Leadership-Arbeit versteht.

Es ist Ihre tägliche Herausforderung, den Bedürfnissen des Unternehmens und jenen der Menschen im Unternehmen gerecht zu werden.

Welche Rolle spielen Charaktereigenschaften?
Was zeichnet einen charismatischen Menschen aus?
Was macht Leader unverwechselbar und beispiellos?

Charakter und Charisma entscheiden

Menschen mit Mut und Charakter sind den anderen Leuten immer unheimlich.

– Hermann Hesse

7.

Leadership beinhaltet die charakterlichen Werte, die ein Leader vertritt, und seine charismatische Ausstrahlung. Weil sich über die Definition und Auslegung dieser beiden Begriffe so viel diskutieren lässt, muss einfach etwas an ihnen sein. Wahrhaft ernst genommen wird nur ein Leader, der durch seine Persönlichkeit überzeugt.

Von der Person zur Persönlichkeit

Die bloße Tatsache, dass jeder Mensch von anderen durch seinen Fingerabdruck unterscheidbar ist, macht ihn noch lange nicht zu einer Persönlichkeit.
Führungskräfte müssen den Willen zu Initiative und zum Vordenken, zu Kreativität und Risikobereitschaft haben. Das hat viel mit den persönlichen Werten und der eigenen Einstellung zu tun. Auch mit der Bereitschaft, an der eigenen Persönlichkeit zu arbeiten.
Persönlichkeit kann den Arbeitsprozess behindern oder verbessern.[138] Menschen ohne Orientierung lassen sich treiben, nehmen, was kommt, und leben ihr Leben ohne besondere Weiterentwicklung. Eine Persönlichkeit nutzt Veranlagungen, baut ihre Stärken aus, entwickelt sich emotional weiter und macht ihre Wünsche und Ideale zur Wirklichkeit.
Die Persönlichkeit eines Menschen spielt eine viel wichtigere Rolle als sein pures Wissen.[139] Die Vorliebe für Hierarchien steht meist im umgekehrten Verhältnis zum wahren Persönlichkeitswert.
Wären alle Menschen vollkommen, dann wären alle gleich, jeder einzelne durch jeden beliebigen Vertreter ersetzbar. Gerade aus der Unvollkommenheit des Menschen folgt aber die Unentbehrlichkeit und Unaustauschbarkeit jedes einzelnen.[140]

Die Ausstrahlung zählt

Es existieren rund 600 verschiedene Definitionen, die erklären sollen, was Schlüsselqualifikationen sind. Das zeigt, wie aktuell und wichtig, aber auch wie wenig trennscharf diese Qualifikationen als Leader-Eigenschaften sind.[141] Und Leader benötigen davon zweifellos eine Vielzahl. Eine Differenzierung aller Eigenschaften erscheint unmöglich und keinesfalls zielführend. Dieses Buch konzentriert sich daher auf Charakter und Charisma.
Die Ausstrahlung eines Leaders ist wichtiger als irgendwelche abzulehnenden Führungstricks, mit denen man die Mitarbeiter manipuliert. Von der Führungspersönlichkeit sollen weder Unfrieden noch Unklarheit und Spannung ausgehen.[142] Es gibt keinen Kunstgriff, schnell eine positive Ausstrahlung zu bekommen. Ausstrahlung ist das Ergebnis eines ehrlichen Umgangs mit sich selbst. Die eigene Ausstrahlung zu entwickeln ist eine Bereicherung für das eigene Leben.
Wir sind für die Ausstrahlung verantwortlich, die wir haben. Leader strahlen etwas Besonderes aus. Nicht weil sie besondere Titel nachweisen können, besonders viel Wissen, Macht oder Geld angesammelt haben.[143]

Jeder Mensch kann lernen:

- wie man Menschen beeindruckt.
- wie man eine positive Wirkung erzeugt.
- wie man kommuniziert.
- wie man eine gewinnende Ausstrahlung aufbaut.[144]

Erreichen Sie hierbei ein hohes Niveau, heben Sie sich ohne Frage stark ab. Charakter und Charisma nehmen dabei eine besondere Stellung ein.

Charakter – Konstante des Lebens

Unser Charakter ist unser Schicksal.
– Oskar Werner

Leader müssen auf ihren Charakter achten. Charakterlose Menschen sind eher Verführer als jene, die Charakter in sich tragen. An Beispielen, dass charismatische Menschen ihr Team, ihre Organisation oder ihr Land und andere Länder charakterlos in das Verderben geführt haben, mangelt es nicht.
Das Gegenteil von Führung ist die Verführung, die auf schlechten Werten basiert.[145] Die Entstehung von Charakter lässt sich, wie die von Moral, schwer beschreiben. Moral entsteht nicht durch Verpflichtung, sondern durch Nachahmung von Charakterstärken. Wie schön, wenn jemand seine Erinnerungen und Erfahrungen im Laufe seines Lebens in sein Wesen ummünzen konnte und ihm der wertvolle Charakter geblieben ist.

Einige Zeilen aus dem Talmud geben Orientierung:

„Achte auf deine Worte, denn sie werden deine Handlungen.
Achte auf deine Handlungen, denn sie werden deine Gewohnheiten.
Achte auf deine Gewohnheiten, denn sie werden dein Charakter.
Achte auf deinen Charakter, denn er wird dein Schicksal."[146]

Von dem, was einer ist

Das Schlüsselwort der menschlichen Grundbestimmung „Was einer ist" lautet „Unterschiede". Diese sind von der Natur gegeben und zwischen die Menschen gesetzt. Echte persönliche Vorzüge sind nach Arthur Schopenhauer durchgreifender für

Glück oder Unglück als das, was man besitzt oder was der Einzelne in den Augen anderer ist. Gesellschaftliche Stellung und materieller Reichtum lassen jeden nur seine Rolle spielen. Aber keineswegs entsprechen diese einer inneren Verschiedenheit des Glücks.
Die Persönlichkeit ist nach Schopenhauer eine Konstante des Lebens, die durchgängig denselben Charakter in sich trägt. Das Temperament kann im Laufe des Lebens variieren, jedoch nicht der Charakter. Aus seiner Individualität kann keiner heraus. Das Schicksal kann sich ändern, die eigene Beschaffenheit nie. Ein sanfter Charakter schafft es, unter dürftigen Umständen zufrieden zu sein, während ein neidischer es bei allem Reichtum nicht ist. Für das Lebensglück ist das, was wir sind, die Persönlichkeit, das Erste und Wesentlichste. Die Hochschätzung der Persönlichkeit bedeutet jedoch nicht, Bildung zu vernachlässigen. Zu dem, was einer ist, zählt auch die Ausbildung. Sie wird, im Gegensatz zur Intelligenz, die angeboren ist, erworben.
Um bleiben zu können, was man ist, muss man wohl wissen, was man ist. Oder zumindest, was man nicht ist. Hans Hölzel alias Falco meinte in einem seiner letzten Interviews: „Mir passt meine Art auch nicht, aber ich bin so."
Gewählter drückte sich Johann Wolfgang von Goethe aus:
„Setz' dir Perücken auf von Millionen Locken,
Setz' deinen Fuß auf ellenhohe Socken,
Du bleibst doch immer, was du bist."

Der Song-Titel „Come as You Are" von Nirvana beschreibt es knapp und perfekt: Dass wir uns letztlich nicht zu verstellen brauchen und gar nicht können, als Erkenntnis dafür, dass Charakter eine wichtige Rolle spielt.

Wir brauchen Charakter-Leader, nicht Typen-Leader

Wenn wir uns in Führungsaufgaben begeben, dann wohnt bereits ein Leben lang ein bestimmter Charakter in uns. Ein Typ hingegen lässt sich aufsetzen wie eine Brille, er lebt von Äußerlichkeiten, die rasend schnell in sich zusammenbrechen können, wenn wirkliches Verhalten gefordert ist.

Die Auswahl von Führungskräften soll auf ganzheitlichen Persönlichkeitsstrukturen basieren.[147] Das, was eine Führungskraft lebt, ist originär mit ihrer Persönlichkeit verbunden.

Außerordentliche Menschen sind immer Originale mit Ecken und Kanten und nicht Durchschnitt oder angepasst. Sie haben den Mut und das Selbstvertrauen, sie selbst zu sein.[148] Doch das ist keinesfalls die Garantie dafür, ein guter Leader zu sein. Denken wir nur an Originale, die – oft sympathisch und amüsant – noch lange nicht für Führungspositionen geeignet sind.

Der Leader muss sich bewusst sein, dass er keiner Standesgemeinschaft, sondern einer Leistungs- und Charaktergemeinschaft angehört.[149]

Kennen Sie Menschen, die überzeugend wirken? Menschen, die ganz sie selbst sind? Die noch dazu eine gewinnende Ausstrahlung haben? Trifft dies zu, dann kennen Sie Menschen, die ihre Glaubwürdigkeit daraus beziehen, dass ihr Verhalten ganz ihrem Wesen und ihrer Persönlichkeitsstruktur entspricht. Diese Leader wirken einfach echt. Sie wirken auf andere positiv und vertrauenswürdig, überzeugend und sympathisch.[150] Dies dürfen wir Menschen zuschreiben, die Charakter-Leader sind.

Bedenken Sie: Kleine Seelen werden durch Erfolge übermütig, durch Misserfolge niedergeschlagen.[151] Je echter Sie sind, desto wohler fühlen Sie sich auch. Wenn Sie sich als Leader wohlfühlen, wirkt sich das auf Ihre Selbstsicherheit aus. Selbstvertrauen ist ein bedeutender Faktor. Es lohnt sich nicht, jemand anders sein zu wollen – weder physisch noch psychisch.

Ein Konzept aus der Positiven Psychologie ist das der Charakterstärken.[152] Gute Führung bedeutet, anderen Menschen Werte vorzuleben, Charakterarbeit zu leisten und sich im guten Umgang mit Menschen zu üben. Eine Leader-Persönlichkeit sorgt sich auch in schwierigen Momenten um ihre Leute und hat ein ehrliches Interesse an ihnen.

In der Krise beweist sich der Charakter[153]

Die Grenzen verschwinden nicht nur in Krisen. Die Grenzen des guten Geschmacks und die der Charakterstärke werden einigen Menschen früher bewusst, anderen erst allmählich, zu vielen nie. Manche Politiker, Wirtschaftsbosse und Personen des öffentlichen Lebens, egal welche vorbildhafte Position sie einnehmen oder auszukleiden versuchen, empfinden wenig Scham und vermissen noch weniger den Fairnessgedanken. Charakterstärke, ein knappes Gut? An Beispielen mangelt es nicht. Leider.
Folgen Menschen einem Leader immer gerne? Klar, bei Sonnenschein und in Zeiten des Erfolgs. Aber im Sturm oder in Schieflagen? In Zeiten erhöhter Unsicherheit schallt der Ruf nach Leadership meist laut. Wird es kritisch, steht ein Leader mit Charakter als ruhender Pol in seiner Mannschaft und hilft selbst, die kritischen Situationen zu meistern. Leader werden in Krisen gemacht. Mit dem Rücken zur Wand wird sichtbar, wie Leader in Krisen handeln, und genauso schnell wird unterscheidbar, ob Leader vorangehen oder das Weite suchen. Es sind immer die kritischen Situationen, die Sieger von Verlieren trennen.
In stürmischen Zeiten erweist sich, ob Führungskräfte nur für den Schönwettereinsatz geeignet sind, oder ob sie bei rauer See Kurs halten und im Sturm einen Untergang verhindern können.[154] Schönwettersegler gibt es genug. Ein Leader muss über einen reifen Charakter verfügen. Zwangsläufig, denn geht er über Bord, ist alles verloren.

Hier sei die Resilienz erwähnt, die Fähigkeit, Krisen zu meistern und gestärkt aus ihnen hervorzugehen. Resiliente Menschen rücken verstärkt ins Blickfeld der Psychologen, da diese Eigenschaft in einer Welt, die immer weniger Sicherheit bietet, eine wertvolle Ressource ist.[155]
Charakterliche Eigenschaften wie Integrität, Mäßigung, Mut, Gerechtigkeit, Geduld und Bescheidenheit sind die Basis. Menschen können Glück finden und Ziele erreichen, wenn sie diese Prinzipien in ihr Wesen integrieren.[156]
Für charakterlich einwandfreie Leader steht nicht die Wahrnehmung des sozialen Images im Vordergrund. Sie stützen sich nicht auf bloße Techniken und Patentlösungen für akute Probleme, die gelegentlich hilfreich, aber auch nicht mehr sind. Leader orientieren sich vielmehr an außerordentlichen Zielen und interessieren sich für Besonderes.

Der Weg zu den Besten – der Weg aus dem Mittelmaß

Die Besten begeben sich auf eine intellektuelle Entdeckungsreise zu sich selbst. Und sie nehmen sich einen Satz von Reinhold Messner zu Herzen: „Mit Mittelmaß habe ich mich nie zufriedengegeben."[157]
Langfristig Sinn gebende Leader sind nicht Selbstdarsteller, sondern bescheidene und aufgabenorientierte Unternehmenslenker. Die Besten verstehen sich auf eine wesentliche Kunst: Die Auswahl der richtigen Menschen. Sie blicken der Realität ins Auge, ohne den Mut zu verlieren, und sind diszipliniert genug, um das Unternehmenskonzept umzusetzen und unpassende Aktivitäten zu unterlassen.
Wir haben genug Mittelmaß in der Wirtschaft. Dort, wo alle sind, ist nichts zu holen. Dort ist nur die tote Mitte. Ähnliche Führungskräfte führen ähnliche Unternehmen mit ähnlichen Mitarbeitern,

die ähnliche Ideen haben. Dies führt zu ähnlichen Produkten bei ähnlichen Preisen und ähnlichen Qualitäten. Wer dazugehört, wird es künftig schwer haben.
Die Hauptursache für Managementfehler liegt nicht bei überirdischen Mächten, den Mitbewerbern vor Ort, dem Wetter, den ignoranten Kunden und anderen Imponderabilien, sondern beim Menschen selbst. In seiner Person, seinem Wissen, seinem Charakter, seinem Denken und seinem Verhalten. Missmanagement ist personengebunden.
Ausgezeichnete Führungspersönlichkeiten hingegen bleiben gegenüber anderen Menschen und Ideen offen, sogar zu einem Zeitpunkt, zu dem sie eigentlich vorgeben könnten, selbst alles zu wissen.[158]

> **Der auffallendste Charakterzug großer Leader ist ihre Bereitschaft, Gewohntes hinter sich zu lassen, auch wenn sie bereits alles erreicht haben.**

Charakter zeigen heißt, sich zu erkennen geben

Das wichtigste Ziel von Menschenführung ist Charakterbildung. Charakter heißt, sich anderen klar zu erkennen geben. Mit allen Stärken und Schwächen. Gleichgültig, auf welcher Entwicklungsstufe man gerade steht. Wer seine eigenen hellen und dunklen Seiten akzeptiert, der kann auch mit der Fehlbarkeit anderer besser leben. Das gilt für Leader genauso wie für Mitarbeiter. Das gilt für jeden Menschen, der sich weiterentwickeln will.
Echte Führungspersönlichkeiten hören nie auf zu lernen, sie schaffen es, sich einzugestehen: Je verletzlicher ich meinen Leuten gegenüber bin, desto besser kann ich sie beeinflussen.[159]
Eine der größten Geißeln ist der Perfektionismus, der Wunsch, ein idealer Mensch zu sein oder einem idealen Menschenbild zu

folgen. Dabei verblendet der Perfektionismus unsere Wahrnehmung und hält uns von unserem eigenen Charakter, unserer inneren Realität, fern. Weil wir aber niemals vollkommen sind, sondern immer vor der nächsten Entwicklungsstufe stehen, zerreißt uns die äußerlich demonstrierte Perfektion innerlich. Wir brennen aus.
Menschen mit Charakter zeigen nach außen, auf welcher Stufe der Entwicklung sie wirklich stehen. Sie nehmen einen Standpunkt ein, sind greifbar und damit auch angreifbar. Dadurch gewinnen sie ihren unverwechselbaren Charakter. Um Charakter zu beweisen und sich zu zeigen, wie man wirklich ist, muss sich jeder selbst so annehmen, wie er ist. Leader lernen, Fehler nicht zu verheimlichen, sondern öffnen sich und entwickeln dadurch auch andere Menschen. Für ihre Stärken werden sie respektiert, für ihre Schwächen geliebt.
Zu seinen Fehlern zu stehen bedeutet nicht, mit vermeintlichen Fehlern zu kokettieren. Ungeduld hat mit Entschlussfreude nichts zu tun. Ungeduld ist ein verheerender Charakterfehler. Ungeduld heißt, Angst zu haben, dass man Ziele nicht schafft. Ungeduld steht für mangelndes Vertrauen in sich selbst und andere.
Charakter ist der offene Umgang mit allen Seiten der eigenen Persönlichkeit. Der Preis, den man für diese Öffnung zahlt, ist die Verletzbarkeit. Im Gegenzug bekommt man Vertrauen. Nur ein Leader, der sich wirklich öffnet, ist für andere ein Vorbild.[160] Wer als Leader zudem eine besondere Ausstrahlung hat, bewirkt mehr.

Charisma – besondere Ausstrahlung

Entscheidet Charisma? Charisma entscheidet! Der Psychologe Richard Wiseman hat drei Eigenschaften festgestellt, über die eine charismatische Person verfügt:

- Sie empfindet Emotionen sehr stark.
- Sie ist in der Lage, auch andere Menschen derart starke Gefühle erleben zu lassen.
- Sie ist resistent gegenüber Einflüssen anderer charismatischer Menschen.[161]

Eine Studie besagt, dass charismatische Menschen außergewöhnlich handeln, regelfremd denken, von der Meinung anderer unabhängig sind und neue Ideen verkünden.[162]

Die Einordnung von Charisma

Charisma, abgeleitet von Charis, der Göttin der Anmut und Liebe, bedeutet im Altgriechischen „Aufmerksamkeit auf sich ziehen“. Ein charismatischer Mensch war ein „Liebling der Götter“. Seit dem 20. Jahrhundert findet sich der Begriff in der allgemeinen Bedeutung „besondere Ausstrahlung“ wieder.
Charisma ist deshalb so schwierig einzuordnen, weil es sich einer normalen Betrachtung entzieht. Heute sehen wir darin Eigenschaften und Fähigkeiten, mit denen ein Mensch beeindruckt, beeinflusst, mitreißt, motiviert und begeistert. Die Faktoren dafür sind bei jedem Leader besonders stark ausgeprägt und ergeben im Zusammenspiel eine faszinierende Persönlichkeit.[163] Auch wenn das Phänomen schwer zu erklären ist, wird es uns kaum gelingen zu bezweifeln, dass es Charisma gibt. Durch die Interaktion mit anderen entsteht persönliche Wirkung.

Charisma ist gleichzusetzen mit einer Wirkkraft. Personen, die darüber verfügen, bewirken mehr als jene, die uncharismatisch sind.

Charisma als persönliche Stärke

Selbsterkenntnis ist der erste Schritt, um Stärken zu entwickeln. Sich selbst zu kennen, die eigene Position zu definieren – das erlaubt Ihnen, Ihre Einzigartigkeit herauszuarbeiten.[164]
Was macht einen charismatischen Menschen aus? Verantwortungsbewusstsein, eine souveräne Persönlichkeit und eine wirkungsvolle Kommunikation legen die Basis für eine charismatische Erscheinung.
Die persönliche Ausstrahlung steht in enger Verbindung mit der Fähigkeit, sich zu artikulieren und in andere Menschen einzufühlen.[165]
Menschen mit positiver Ausstrahlung treiben andere nicht unaufhörlich an, sie wissen sehr genau, wann der Zeitpunkt für Ausruhen und kompetente Gelassenheit gekommen ist. Permanente Verausgabung nimmt nicht nur Freude, sondern zerstört zudem jegliches Charisma. Leader mit Charisma wirken selbstbewusst und souverän. Sie überzeugen andere Menschen, erscheinen zuversichtlich und glaubwürdig. Charismatiker wecken Begeisterung. Das hebt sie von der Masse ab. Aber nur dann, wenn sie nicht arrogant und selbstgefällig wirken.

Charismatische Menschen sind nicht getrieben von Eitelkeiten und Trends. Sie übernehmen Verantwortung und stehen leidenschaftlich für ihre Ideen und Überzeugungen ein.

Die Ausstrahlung eines Menschen lässt sich mit den Charisma-Faktoren[166] beschreiben:

- Vitalität, Kraft und Energie: Menschen sehnen sich nach einem starken Leader mit positiver Körpersprache. Nach einem Menschen, der die Energie hat, mit schwierigen Herausforderungen umzugehen.

- Ruhe und Konzentration: Diese beiden sind kongeniale Gegenspieler und vermitteln Kompetenz und Sicherheit.
- Lebensfreude und Begeisterung: Auch in schweren Zeiten verliert ein Leader nie seine Lebensfreude. Begeistert ist jemand, der aus Überzeugung handelt, der Sinn in seinem Leben und seiner Arbeit sieht. Jemand, der Begeisterung hervorruft, hat Einfluss auf Menschen. Er hilft ihnen, große Ziele zu erreichen.
- Emotion: Wer seine Gefühle zeigt, wird menschlich. Emotionen treffen mitten in die Herzen der Menschen. Ein Leader weiß um die Macht der Gefühle. Er nimmt die Angst und stärkt den Glauben an eine bessere Zukunft.
- Empathie: Charisma wird stark davon beeinflusst, wie gut sich jemand in andere einfühlt. Gute Führungskräfte sind gute Zuhörer. Sie müssen nicht mit allem einverstanden sein, aber sie sollten verstehen. Emotionale Intelligenz ist mindestens so wichtig wie Intellekt.
- Entschlossenheit: Für einen gelungenen Lebensweg ist Entschlossenheit unerlässlich. Sie stärkt alle anderen Faktoren.
- Die Botschaft: Sie ist Ausdruck der Aufgabe, die ein Mensch übernimmt. Wer einen wirklich klaren Gedanken hat, kann ihn auch benennen.
- Professionalität: wirkt auf vielen Ebenen, von der äußeren Erscheinung über das Verhalten bis zur Kommunikation eines Menschen. Verbindlichkeit, Verlässlichkeit, Glaubwürdigkeit, Stilsicherheit und Kompetenz sind Merkmale von Professionalität.
- Meisterhaft sprechen: Wer das Ohr beleidigt, dringt nie zur Seele vor. Wenn wir Menschen beurteilen, so machen wir das in den ersten zwei bis drei Sekunden mit unseren Augen, um einen optischen Eindruck zu erhalten. Entscheidend sind die nächsten zehn bis zwölf Sekunden, wenn wir die Stimme hören. Aus beiden machen wir uns ein Bild, das idealerweise stimmig ist.

- Stimmigkeit: Sie entsteht dann, wenn Identität und Individualität mit der persönlichen Botschaft zu einem Gesamtbild verschmelzen.

Jeder Mensch kann sein Charisma entfalten und andere Menschen durch seine Ausstrahlung faszinieren. Es bedarf einer bewussten Entscheidung, einmalig zu werden. Wenn ein Mensch sich zu einer Position bekennt, dann sind seine Verhaltensweisen so überzeugend, dass viele ihm folgen wollen.

Charisma als soziale Interaktion

Charisma wird hier als Zuschreibung des Umfelds, des Teams und der Mitarbeiter betrachtet. Daraus entsteht das Bewusstsein, dass ein Leader Einfluss hat.
Die persönliche Fähigkeit zu Begeisterung und Motivation wird in unserer Zeit medial „kalter" Information zum Erfolgsfaktor Nummer eins.[167] Natürlich dürfen wir Charisma nicht hochstilisieren und es zum alleinigen und isolierten Leitbild erheben. Nur das Charisma einer Person für die Ergebnisse verantwortlich zu machen birgt ein unkalkulierbares Risiko in sich.
Ein Leader nimmt Raum und Menschen ein. Wenn Menschen einem Leader eine Einwirkung zugestehen, dann basiert dies auf dem Glauben, dass sie der Leader weiterbringt. Der Einfluss in der Interaktion zeigt sich an zwei Fähigkeiten. Erstens bestehende Mängel erkennen und ausgleichen können, und zweitens Bestleistungen ermöglichen und beeinflussen.

Charisma bedeutet, Menschen mitzureißen

Wer andere mitreißen will, muss an sich selbst glauben. Durch Überzeugungskraft und Ausstrahlung können Leader Menschen

für neue Ideen begeistern. Diese innere Stärke befähigt sie zu großartigen Ergebnissen. Ein charismatischer Leader hinterlässt, auch in seiner Abwesenheit, ein motiviertes Team.
Jeder Mensch hat eine Wirkung auf andere. Wir wissen immer genau, ob wir einen Menschen sympathisch oder unsympathisch finden.
Charisma ist die Kraft der Wirkung auf andere, die dazu führt, dass

- diese Menschen Aufmerksamkeit erhalten.
- man diesen Menschen gerne zuhört.
- uns diese Menschen in Erinnerung bleiben.
- wir mit diesen Menschen eine bestimmte Botschaft verbinden.
- wir bereit sind, diese Menschen zu unterstützen.[168] Auch weil wir denken, dass uns dies selbst weiterbringt.

Die Gesamtwirkung ist von der Wahrnehmung durch andere abhängig. Daher spricht man von einem Zuschreibungsphänomen.
Wer andere mitreißen kann, hat unbestritten Einfluss. Die Fähigkeit, auf das Verhalten und Denken von Personen oder Gruppen einzuwirken, wird oft als Macht bezeichnet. In der Literatur finden sich Anleitungen, wie man sich eine charismatische Körpersprache antrainiert und einsetzt. Aufgesetzte Gesten werden aber immer als solche erkannt. Macht relativiert sich sehr schnell, denn ein charismatischer Mensch weiß, dass er nicht allein für seine Erfolge verantwortlich ist. Er versteht es, jene, die dazu beigetragen haben, teilhaben zu lassen, denn Teilen heißt Verdoppeln. Viel mehr noch: Der Leader verhilft anderen zu eigenen positiven Erlebnissen.
Ohne Zweifel verzeihen wir charismatischen Menschen eher Fehler. Ihr Machtbereich leidet darunter nicht. Ein Teil der Macht eines Leaders dürfte daher rühren, dass er in der Lage ist, wertschätzend zu sein, er tut nicht nur so.
Charisma setzt Angstfreiheit voraus. Um charismatisch führen zu können, müssen Leader Angst überwinden.[169] Dies basiert nicht auf Magie, sondern spiegelt die positive Grundhaltung wider.

Der Zauber von Charisma

Nicht fauler Zauber durch Täuschung, sondern Bezaubern durch positive Ausstrahlung und gewinnende Wirkung macht einen Menschen zu einem Leader.
Charisma und Gelingen sind untrennbar miteinander verbunden.[170] Die empirische Forschung zur charismatischen Führung zeigt signifikante Auffälligkeiten: Zusammenhänge zwischen der Ausstrahlung und einem entsprechenden Führungshandeln sowie der Effizienz und Zufriedenheit der Mitarbeiter.
Charisma hilft dem Ego des Leaders, ob es aber auch dem Unternehmen hilft, ist fraglich, meinen die Entzauberer von Charisma.[171] Man findet oft einen Menschen charismatisch, der anders ist als man selbst – einen, der genau so ist, wie man selbst es gern wäre. Da viele Menschen sich Ähnliches wünschen, empfinden sie hinsichtlich des Charismas einer Person ähnlich. Vor diesem Hintergrund hat ein charismatischer Mensch dann auch die Möglichkeit, seine Anhänger zu manipulieren. Wer Anhänger hat, weiß um deren Wünsche und Sehnsüchte. Es ist dann denkbar, das auszunutzen.
Die Gegner des Charisma-Ansatzes kritisieren die Wiederbelebung einer begnadeten Führungskraft mit angeborenen Qualitäten. Strittig scheint für die Kritiker auch, ob Charisma trainierbar ist und wem es wirklich etwas bringt.

Die Idee der charismatischen Führung

Manche haben einfach eine besondere Aura und ziehen andere in ihren Bann. Angeblich ist Charisma nicht oder nur begrenzt erlernbar.[172] Das ist jedoch kein Grund, nicht daran zu arbeiten. Wir können unser Charisma erhöhen, es ist nicht wenigen Auserwählten vorbehalten. Es zu lernen reicht aber nicht aus, es geht darum, charismatisches Verhalten zu internalisieren. Heute

verbinden wir Charisma mit der Offenheit von Menschen – in ihrem Auftreten ebenso wie in ihrer Handlungsweise.
Laut einer britischen Studie[173] ist ein stabiles Selbstwertgefühl für die positive Ausstrahlung eines Menschen verantwortlich. Ein solches Gefühl bekommt man nicht von heute auf morgen. Aber es gibt etwas, das die Ausstrahlung beeinflusst: eine gute Körpersprache. So macht Sie ein Lächeln sympathisch – aber nur ein echtes.
In Wirtschaftsmagazinen steht zu lesen: Der neue Manager setzt auf Kopieren statt Kapieren. Er passt in viele Unternehmen und gerade dies macht ihn auch leicht ersetzbar.[174] Beschreibt das nicht das Gegenteil von Charisma? Neuerdings genügt es offensichtlich, ein x-Prinzip, eine y-Strategie oder ein z-Konzept sein Eigen zu nennen und sich dann noch möglichst einheitlich auf breit ausgetretenen Pfaden weiterzubewegen. Mit Charisma hat dies wenig zu tun.
In der Wirtschaftspsychologie wird die Idee der charismatischen Führung neu diskutiert. Charisma ist nicht die reine Eigenschaft einer Person, sondern abhängig davon, dass Mitarbeiter ihrem Leader Charisma zuordnen.
Es sind nur jene Führungskräfte interessant, die Courage haben und die richtigen Entscheidungen treffen. Dabei müssen und dürfen sie auch auf ihre Intuition vertrauen.[175]
Ein Leader wird gerne als charismatisch und visionär bezeichnet, ein Manager hingegen als kühl und konservativ.[176] Indes kann sich ein vorzüglicher Manager mit Stärken auf der sachbezogenen Seite durch eine charismatische Führungskraft mit Stärken auf der verhaltensbezogenen Seite ergänzen und umgekehrt.[177] Für Leadership ist die Kombination von Charakter und Charisma entscheidend.

Unverwechselbar und beispiellos

Forschungsergebnisse[178] bestätigen, dass charismatische Leader bei Mitarbeitern höhere Motivation und Leistungsfähigkeit bewirken als technokratische Manager.
Doch Charisma allein greift zu kurz. In der Geschichte mangelt es dazu nicht an Beispielen. Charismatische Menschen ohne Charakter entwickeln sich in böswilliger und menschenfeindlicher Absicht zu Verführern. Menschen, Teams, Unternehmen oder Länder führen zu wollen setzt charakterliche Stärke voraus. Von diesem Ansatz rücke ich nicht ab. Charisma ohne Charakter ist wertlos oder sogar gefährlich. Charakter hat immer Priorität. Man muss meinen, was man sagt, und demgemäß handeln.
Charakter und Charisma bedeuten nicht Sturheit und Egozentrik. Leader müssen zu Überzeugungen stehen, dürfen aber keinesfalls blindwütig an sinnlosen Dogmen festhalten. Führen heißt Position beziehen. Immer wieder. Erst dadurch entstehen Charisma, Selbstverständnis und Führungspersönlichkeit.

Organisationen, an deren Spitze charakterstarke und charismatische Leader stehen, sind auf Dauer erfolgreicher.

Manche bringen die beide Begriffe Charakter und Charisma in unmittelbaren Bezug, andere vermeiden oder negieren genau das. Leadership wird nicht zwangsläufig allein von einem Menschen mit idealen Persönlichkeitsmerkmalen ausgehen. Niemand kann Leadership allein leben. Es bedarf eines schlagkräftigen Teams. Ein Leader formt das Team, egal für welche Aufgaben und Ziele.

Charakter und Charisma führen nicht nur dazu, ein ausgezeichneter Leader mit einem ausgezeichneten

Team zu sein, sondern sie führen zu mehr Beziehungsqualität und besseren Ergebnissen.

Als Leader schaffen Sie ein Unternehmen mit überlegenem Kundennutzen. Charakter und Charisma machen Sie und Ihre Gemeinschaft unverwechselbar und beispiellos.

Welchen Einfluss haben Leidenschaft und Emotionen?
Was lässt Menschen wachsen?
Gibt es Leadership-Geheimnisse?

Leadership-Leidenschaft

Wer führen will, muss lernen,
Emotionen zu produzieren.

– Rupert Lay

Nur die Leidenschaft
ernährt den Menschen.

– Reinhold Messner

8.

Leidenschaften und Emotionen sind wesentliche Antriebe für alle Menschen. Wer eine Leadership-Leidenschaft entwickelt und lebt, ist glücklicher und erfolgreicher als andere.

Großartige Leader. Großartige Teams. Großartige Resultate

Was wir brauchen, sind Ideen und Mut, Loyalität und Begeisterung. Das ist das wirkliche Kapital unserer Zukunft.
Es geht immer darum, Führung zu geben oder zu übergeben, Führung zu übernehmen oder Führung zu unterlassen. Einer geht immer voran. Sein Vormachen und seine Präsenz geben ihm Ausstrahlung. Erfahrungsvorsprung, Selbstwertgefühl und Verantwortungsbereitschaft sind Attribute des Leaders. Er verleiht Menschen und Aufgaben Sinn.
Wer für andere eine Umgebung großen Vertrauens, Respekts und großer Offenheit schafft, der ermöglicht seinen Mitstreitern, ihr Bestes zu geben.[179]

Die Leadership-Dimensionen lassen sich auf drei Bereiche verkürzen[180]:

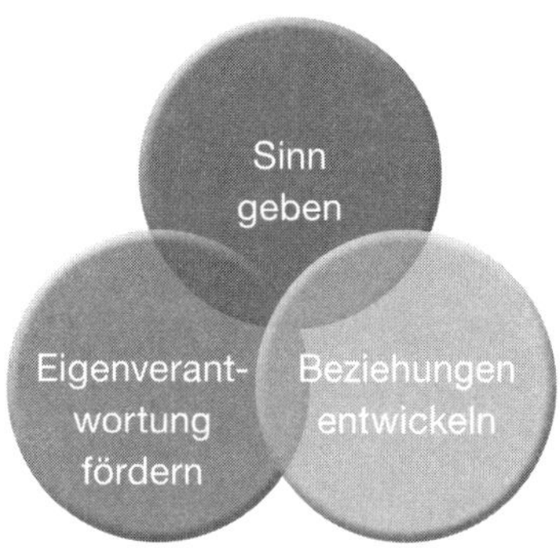

Leadership-Dimensionen: Geben, Fördern und Entwickeln

Als Leadership-Autor bin ich überzeugt davon, dass es möglich ist, ein Unternehmensziel mit Sinn zu füllen. Leadership ist dabei kein Werkzeug, es ist gewissermaßen eine Kunst. Leistung kann man nur von Menschen erhoffen, die sich ernst genommen fühlen und denen man Identifikationsmöglichkeiten bietet.

Wenn Sie heute Leistung verlangen und fordern, müssen Sie auch Sinn bieten können.

Wenn Sie als Führungskraft nicht motiviert sind, können Sie machen, was Sie wollen: Das, was Sie ausstrahlen, kommt unvermeidbar bei Ihren Leuten an.
Wenn ich „Sinn bieten" nur mit drei Qualitäten benennen darf, fällt mir die Entscheidung nicht schwer.

Leidenschaft, Sehnsucht und Emotionen

Leadership-Leidenschaft ist zu verstehen wie das Gegenstück zu der Sehnsucht nach Führung. Menschen sind mutiger, wenn sie sich gut aufgehoben und angenommen fühlen, wenn sie als soziales Wesen in eine Gruppe integriert sind. Leader – eigentlich ist zu hoffen, alle Menschen – fühlen eine Sehnsucht danach, dass es den ihnen nahen Menschen gut geht. Unverzichtbar ist dabei der Anspruch, die Herzen zu erreichen.

Die Menschen strahlen, wenn Sie sich für sie interessieren.

Der ehrliche und liebenswürdige Umgang miteinander scheint heute beinahe ausgestorben zu sein. Wer aber genau diese Fähigkeit hat, der hebt zwangsläufig seine Leute und seine Organisation auf ein höheres Niveau, er gewinnt dadurch. Menschlichkeit ist immer die oberste Prämisse.

Es sind die alltäglichen Kleinigkeiten im Umgang miteinander, die eine Führungskraft zum Leader machen. Wer sich für seine Mitarbeiter und ihre Familien ehrlich interessiert, wer die Namen der Ehepartner und Kinder kennt, weckt Emotionen.
Ein Leader nimmt nur eine Sache in Angriff, an die er selbst glaubt und die sein Innerstes berührt. Seine Begleiter muss er damit ebenfalls berühren. Positive Emotionen spielen für Organisationen eine ganz beachtliche Rolle. Gefühle sind ein wesentlicher Antrieb, sie haben enorm viel mit Motivation und Leistungswillen zu tun.[181]
Aus Sicht der Arbeits- und Organisationspsychologie ist es wichtig, die Bedeutung von Emotionen für das bessere Funktionieren einer Organisation wahrzunehmen. In unserer Zeit sind für einen Leader vor allem zwei Haltungen wichtig: Selbstbeherrschung und Mitgefühl.
Es geht darum, eigene Emotionen zu nutzen, ohne von ihrer Lust und Laune beherrscht zu werden.[182] Unterkühlte Gefühle oder gar keine Gefühle sind der Anfang vom Ende. Ein Leader zeigt immer wieder Gefühle. Sein überwiegender Gefühlszustand ist ein ausgeprägtes Pflicht- und Verantwortungsbewusstsein. Ein Leader zeigt mehr Sensibilität als die anderen.[183] Nur wer sich als Erwachsener auch das Kindbleiben erhält, ist Mensch.[184] Letztendlich geht es darum, so weit in die Welt des anderen vorzudringen, dass man sich gegenseitig versteht.
Wer Gefühle zeigt, optimistisch und kreativ agiert, ist auf dem richtigen Weg.

Optimismus und Kreativität

Das größte Problem, eigentlich beinahe das einzige, mit dem Sie und ich uns herumschlagen müssen, ist die Wahl der richtigen Gedanken.
Bevor ein Leader in der Lage ist, Optimismus zu verbreiten, muss er erst einmal Optimismus in sich tragen. Optimisten glauben

daran, dass irgendwie, auf irgendeinem Weg, die Aufgaben zu meistern sind. Zumindest auf lange Sicht.

Optimismus ist Pflicht.

Wer sich ständig über die Gedanken der anderen Gedanken macht, der kann keine klaren Gedanken mehr über seine Arbeit fassen. Manchmal ist es hilfreich, so zu denken und zu agieren: Ich habe die Regeln auch nicht gemacht. Aber ich habe sie akzeptiert. Es geht darum, etwas aus vollem Herzen zu tun. Auch in klarer Sicht der Dinge, die nicht in Ordnung sind. Eine optimistische Grundhaltung verändert schwierige Ausgangslagen wesentlich.
Kreativität ist eine zentrale Fähigkeit, die heute von einem Leader gefordert wird. Kreativität ist im Leadership der gravierende Unterschied zum Management. Der offene Ideenmensch, der die Bedürfnisse der Menschen kennt, teilt freiwillig Verantwortung und potenziert die Kreativität seines Teams.
Ein gutes Team, das zu wenig Freiheit hat, stagniert. Schlechte Mitarbeiter, die zu viel Freiheit haben, verfallen dem Chaos.[185] Ohne Mitarbeiter sind Führungskräfte handlungsunfähig und ohne Kunden schlicht nichts.[186]
Organisationen sterben aufgrund der Unfähigkeit, sich an neue Situationen anzupassen.[187] Oder aufgrund der Unfähigkeit, neue Situationen und Gegebenheiten zu schaffen. Wie wollen Sie Kreativität von unkreativen Leuten erwarten? Es gibt wohl nichts Fantasieloseres.
Wer ideenreich bleibt und Hoffnung vermittelt, sorgt für begeisterte und motivierte Menschen.

Motivation und Begeisterung

Begeisterung ist ein viel klarerer Ausdruck als das verbrauchte Wort „Motivation“. Begeisterung entsteht, wenn charismatisch auftretende Menschen andere faszinieren und anziehen.

Begeisterung ist die höchste Form einer Entwicklung.

- Zufriedenheit: Die Rahmenbedingungen ermöglichen körperliches Wohlbefinden.
- Motivation: Eigene Gestaltungsmöglichkeiten sorgen für das geistige Wohlbefinden.
- Begeisterung: Die eigentliche Identifikation mit der Sache. Geradezu beseelt sein von der Tätigkeit führt zu seelischem Wohlbefinden.

Begeisterung fällt nicht vom Himmel. Sie steckt aber in uns allen. Es kommt darauf an, sie zu wecken. Wollen wir andere mit unserer Begeisterung anstecken, müssen wir sie kennenlernen und auf sie eingehen. Begeisterungsfähigkeit ist mit Motivation verbunden, mit Sinngebung, mit Visionen. Für alle Menschen in Organisationen gilt:

Leistung basiert auf leidenschaftlicher Begeisterung.

Jede entwickelte Wirtschaft in einem Hochleistungsland, und damit das Land selbst, steht und fällt mit der Intelligenz und Motivation seiner Menschen.[188] Motivation ist nicht eintreibbar und nicht einklagbar.[189] Offenheit ist die Voraussetzung für das Herstellen von Arbeitsfähigkeit und Motivation.
Es ist anzunehmen, dass die Hoffnung auf Ruhm und Geld auf Dauer nicht ausreicht, einen Menschen bis zu seiner persönlichen Leistungsgrenze zu fordern.
Als kurzfristige Überlebensstrategie hilft es, die Motivation des anderen so zu beeinflussen, dass sich dessen Verhalten zum

eigenen Vorteil verändert. Jeder Leader tut das wahrscheinlich.[190]
Mensch sein heißt auch begrenzt sein, in der Kraft, der Klarheit und der Motivation. Ohne Motive gibt es für Menschen keinen Anlass, sich zu engagieren und sich anzustrengen. Wenn Motive und Ziele korrespondieren, stellt sich das zielführende Verhalten von selbst ein.
Die zwei Hauptantriebe des Menschen sind Angst und Liebe.[191] Sie steuern die menschlichen Handlungen wesentlich. Anerkennung ist noch wichtiger im Leben als das Durchsetzen der eigenen Interessen. Das, was Menschen wirklich haben wollen, ist Anerkennung, Akzeptanz, Zuneigung und Liebe. Geld ist nur ein Hilfsmittel, weil man glaubt, dass es einem ermöglicht, Bestätigung, Liebe und alles mögliche andere zu bekommen.
Die Gehirnforschung und die Motivationspsychologie kennen neben den überlebenswichtigen Motiven im Grunde nur drei soziale Hauptmotive: Bindung, Leistung und Macht.[192]
Das Bindungsbedürfnis drückt sich beispielsweise im Wunsch nach sozialer Anerkennung aus. Wer von niemandem Bestätigung bekommt, wird seine Tätigkeit auf Dauer nicht machen wollen und können. Wenn Mitarbeiter nicht richtig dazugehören, vernichten Leader ihre Motivation.
Die Leistungsmotivation führt zu dem Wunsch, ansprechende Aufgaben zu bewältigen. Nicht jede Aufgabe ist für jeden die richtige. Ziel kann nur sein, dass Menschen Leistung erbringen, ohne sich überfordert oder unterfordert zu fühlen.
Für viele ist Macht eine zentrale Motivation, um eine Führungsposition einzunehmen. Ein Machtverlust provoziert fast Verlusterscheinungen.[193] Machtmotivation bedeutet, andere zu beeinflussen und zu bewegen. Ob Leader die Dinge zum Guten oder Schlechten beeinflussen, ist eine charakterliche Frage.
Leader legen ihren Fokus darauf, die Hauptmotive der Menschen positiv anzusprechen.

Menschen emotional stärken und wachsen lassen

Leistung kann man nur von Menschen erhoffen, die sich ernst genommen fühlen und denen man Identifikationsmöglichkeiten bietet. Leader gehören zu jenen Menschen, die von anderen gemocht werden, weil sie sie emotional stärken. Was für eine Wohltat, was für ein Vergnügen, mit so einem besonderen Menschen beisammen zu sein! Menschen achten einen Leader, wenn sie der Auffassung sind, dieser werde ihnen verschaffen, was sie brauchen oder wünschen. Ganz sicher geht es in einer Organisation viel eher voran, wenn die Mitarbeiter wissen, ihr Beitrag wird geschätzt und kommt richtig zum Tragen. Es scheitern grundsätzlich jene, denen es nicht gelingt, ein Vertrauensumfeld um sich herum aufzubauen.
Es ist nicht wichtig, wer in einem Team eine gute Idee einbringt. Die Aufgabe des Leaders ist es, diese Idee voranzubringen und mit ihrer Hilfe einen Gewinn für alle zu erzielen. Ein Leader nutzt sein Können, um die Fähigkeiten und Stärken aller zum Tragen zu bringen.

> **Wenn Sie es schaffen, die Bedürfnisse der Menschen anzusprechen, stehen Sie wirtschaftlich besser da.**

Als Führungskraft brauchen Sie eine hocheffektive und hochmotivierte Mannschaft. Dass Sie unternehmenswichtige Entscheidungen treffen, erwarten Ihre Mitarbeiter ohnehin. Was Sie darüber hinaus benötigen, ist ein Team, das die Möglichkeit hat, über sich hinauszuwachsen.
Persönlich zu wachsen zählt zu den wichtigsten Wünschen aller Menschen. Wachstum ist die Basis, die uns ein Gefühl von Leistung und Zufriedenheit, Bedeutung und Fortschritt vermittelt. Die Menschen in ihrem Betätigungsfeld und an ihrer Arbeitsaufgabe

wachsen zu lassen stellt eine zentrale Leader-Eigenschaft dar. Es ist im Grunde ganz einfach. Mitarbeiter können und wollen kompetent sein, wenn die Verantwortlichen aufhören, auf die persönliche Wachstumsbremse zu treten.

Leadership heißt: Menschen groß machen.

Leadership ist systematische Menschenentwicklung. Ein Zeichen von eigener Größe und Stärke ist es, andere groß und stark zu machen. Führungskräfte, die selbst nicht stark sind, schaffen Abhängigkeiten. Dann können sie Macht ausspielen und kontrollieren.[194] Leadership erzielt Unabhängigkeit und fördert Mitdenker. Das ist relativ einfach. So dürfen sich Monteure ihr Werkzeug selber aussuchen, Baggerfahrer bringen ihre Erfahrungen in den Kauf eines neuen Modells ein und Grafiker wählen ihre Bildschirmfavoriten. Assistenten präsentieren ihre erarbeiteten Ergebnisse selbst und ernten dafür den Applaus. Das lässt sich alles beliebig fortsetzen und in vielen Bereichen realisieren. Wer Menschen wirklich wachsen lassen will, muss neugierig bleiben.

Leadership-Geheimnisse

Als Leader wollen Sie doch sicher von der Zukunft her führen? Dazu biete ich Ihnen drei Leadership-Geheimnisse an:

- **Alles, was Sie als Leader brauchen, sind gute Leute, wirklich gute Leute.**
- **Die einzige Leader-Kompetenz, die zählt, ist jene, die Ihnen Ihre Leute freiwillig und mit vollem Bewusstsein einräumen.**
- **Was Ihre Mitarbeiter positiv stimmt und ihre Arbeitszufriedenheit erhöht:**

1. **Ein sicherer Arbeitsplatz.**
2. **Möglichst flexible Arbeitszeiten.**
3. **Ein „freundlicher" Chef.**

Gute Leader ziehen wirklich gute Leute an und sind von diesen umgeben. Dies scheint sich oft wie von selbst einzustellen. Bei einem gewissen Niveau an Charakter und Charisma lässt sich das gar nicht verhindern. Das Gefühl der Machbarkeit ist in so einer Konstellation riesig. Vermitteln Sie das Gefühl der Machbarkeit! Zeigen Sie Machbarkeiten auf. Eine gute Führungskraft gibt zudem jedem das Gefühl, er habe selbst entschieden.
Engagement ist ein Zustand des Flow. Flow bedeutet „im Fluss sein". Dabei treffen spezielle Fähigkeiten auf hohe Herausforderungen.[195] Die Stärke eines Leaders besteht darin, andere Menschen zu überzeugen, sich diesem Flow anzuschließen und an einem großen Ganzen zu arbeiten, das sie unter Umständen noch nicht sehen. Arbeiten ohne Flow-Erleben sollten auf dem Gebiet der sozialen Kosten als hoch eingestuft werden, da sie zur Stagnation beitragen. Die Leute im Flow halten bedeutet, ihre intrinsische Motivation zu wecken.
Wer als Leader Menschen um sich versammelt, die mit der gleichen Vehemenz das Ziel verwirklichen wollen, ist erfolgreich.[196]

Ein Leader ist immer ein Verwirklicher

Leader kennzeichnet das Verständnis für die Aufgabenhierarchie, das Erkennen der eigenen Grenzen, Erfahrung sowie politisches Geschick ohne politische Ambitionen.
Ein Leader verwirklicht Ideen. Die größte Vision hat keinen Sinn, wenn man sie nicht umsetzt. Ein Leader ist als Verwirklicher derjenige, der Energien freisetzt und lenkt. Eine Führungskraft sieht sich selbst nicht als omnipotente Persönlichkeit, sondern verwirklicht Ideen gemeinsam.

Ein visionärer Leader strebt nicht nach Behaglichkeit, sondern ergreift Maßnahmen zur Vermeidung von Selbstzufriedenheit. Er fördert auf diese Weise Veränderung und Verbesserung, noch bevor externe Faktoren die Organisation dazu zwingen. Ein Verwirklicher hält nicht nur Schritt mit den Anforderungen, sondern er wird vorausdenken, weil er seine Verantwortung gegenüber seinen Leuten kennt und ernst nimmt. Leader mit Weitblick kommunizieren viel und investieren mehr in ihre Zukunft als andere. Verwirklicher sorgen für einen hohen Identifikationsgrad der Menschen, damit diese die Zukunft mitgestalten wollen und können.

Wie auch immer

Wir kommen auf Shackleton zurück. Hat er selbst geglaubt, lebend aus dem Inferno herauszukommen? Ja – ohne Zweifel. Davon bin ich restlos überzeugt. Und wenn er auch selbst manchmal an seine Glaubensgrenzen stieß, er hat es seinen Leuten nie gezeigt.

> **Was immer Sie tun. Wo immer Sie auch hingehen. Wir Menschen wollen definitiv Hoffnung haben und kein Krisengeschrei.**

Epilog

Die Zukunft gehört Leadership.
Ihnen gehört die Zukunft.

9.

Worauf es ankommt

Natürlich bringt uns ein Buch immer nur so weit, wie wir gerade selber sind. Als Leser und als Autor. Dieses Buch versetzt Sie in die Lage, ein Stück anders zu denken, weiterzugehen und auch noch ein Stück erfolgreicher zu sein. Gelohnt hat es sich, wenn Sie in Ihrer eigenen Führungsrolle wohnen.
Meine eigenen Leadership-Erfahrungen in Wirtschaft und Sport, Kultur und Bildung haben stets Auswirkungen auf meine Persönlichkeit. Und mein Verhalten hat wiederum Auswirkungen auf die Befindlichkeiten, ja auch Persönlichkeiten anderer Menschen. Das ist das wahrlich Spannende an der Thematik. Für Sie und für mich. Letztlich fragen wir uns, worauf es wirklich ankommt.

> **Es geht nicht um Geld, Macht oder Ruhm. Es geht ohne Zweifel um mehr. Wir können es für alle Situationen und Zeiten reduzieren auf: Hoffnung und ein besseres Leben.**

Die Lektüre von „Leadership leben" führt nicht zwangsläufig zu mehr Leadership. Doch zeigt es Ihnen die Kraft Ihrer Fähigkeiten auf und bietet Ihnen spannende Wege an.
Gute Leader geben den Menschen eine Ahnung davon, wozu der Mensch fähig ist. Gute Leader vermitteln die Sehnsucht nach einer Sehnsucht. Vermitteln Sie diese, dann gehört Ihnen die Zukunft.

Primus inter pares – Erster unter Gleichen

1954 bekam man auf einer Tagung zu hören: „Die Treppe muss von oben her gekehrt werden. Der Unternehmenslenker ist selbst der erste und beste Mitarbeiter. Führungsqualität wird dort anerkannt, wo verstanden wird, jedem Mitglied dies vorzuleben."[197] Ein Leader erkennt, dass er immer Erster unter Gleichen ist und handelt danach.

Das luxuriöse Segelschiff „Royal Clipper“ stand nach Umbauten vor der Übergabe an die Eigner unter großem Zeitdruck. Bei den finalen Aufräumarbeiten unterstützte ein Firmenchef seine Handwerker und räumte Maschinen, Werkzeuge und auch Müll von Bord. Der Fernsehsprecher kommentierte dies mit leicht süffisantem Unterton: „Auch eine Art von Management.“
Diese Handlungsweise war aber nicht „auch eine Art von Management“, sondern vorbildliches Leadership-Verhalten.
Im Gegensatz dazu sind getrennte Kantinen und Weihnachtsfeiern für Arbeiter und Angestellte untaugliche Mittel, um als Erster unter Gleichen wahrgenommen zu werden.

Der Führungsgrundsatz „Erster unter Gleichen” wird getragen von fünf zentralen Punkten:

1. **Charakter und Charisma entscheiden.**
   Charakter und Charisma vermitteln Hoffnung und führen zu einem besseren Leben.
2. **Der Mensch ist Mittelpunkt.**
   Leader berücksichtigen die Bedürfnisse der Menschen. Wenn jemand an seiner Aufgabe und Tätigkeit wachsen kann, dient dies allen. Auch der Leader selbst wächst kontinuierlich.
3. **Wertschöpfung durch Wertschätzung.**
   Geschätzt werden, egal auf welchen Ebenen, zählt zu den grundlegenden Wünschen aller.
4. **Kommunikation und Gesprächsführung bewirken Erfolg.**
   Unsere Zukunft hängt unmittelbar mit unserer Kommunikationsfähigkeit zusammen.
5. **Wer heute Leistung verlangt und fordert, muss auch Sinn bieten können.**
   Was Sie als Führungskraft ausstrahlen, kommt unweigerlich bei Ihren Mitarbeitern an.

Wie können Sie sich als Leader immer wieder neu motivieren?

Die Zahl der Menschen und Unternehmen am Limit ist hoch. Interne und externe Belastungen wirken vielfältig auf uns alle ein. Leader können nur geben, wenn sie sich in Balance befinden. Familie und Freizeitverhalten, Sport und Kultur sowie maßvoller Umgang mit den eigenen Ressourcen fördern Ausgeglichenheit. Nur wer seine Grenzen kennt und respektiert, wird dauerhaft bestehen. Leader stellen sich der Aufgabe, hochqualifiziert zu überleben.
Wie können Sie sich als Leader immer wieder neu motivieren, um Ihre Aufgaben zu schaffen? Woher beziehen Sie Ihre Kraft, da Ihnen in Ihrer Position wichtige Entscheidungen niemand abnehmen kann?
Die Antwort lautet:

> **Eigenmotivation durch Erfolg. Persönlichen, menschlichen und wirtschaftlichen Erfolg.**

Alles oder nichts

Die Menschen in Ihrem Unternehmen, Ihre Organisation und Ihr Verantwortungsbereich fordern Sie täglich heraus. Stellen Sie sich diesen Aufgaben. Es hängt viel davon ab. Ihr persönliches Glück, das Wohlbefinden Ihrer Organisationsmitglieder, der Zustand unserer Gesellschaft. Das Klima, das Sie schaffen, überträgt sich.
Sie müssen nicht ständig zwischen Gut und Böse wählen, aber Ihre Entscheidungen haben unbestritten Auswirkungen.

Sie können mehr

Unsere Zeit ist begrenzt, also vergeuden wir sie nicht, indem wir ein fremdbestimmtes Leben führen. Der Lärm falscher Meinungen soll nie unsere innere Stimme übertönen. Haben Sie den Mut, Ihrem Herzen und Ihrer Intuition zu folgen. Alles andere ist sekundär.
Entscheiden Sie ganz persönlich, unbeeinflusst und unabhängig. So verstärken Sie Ihre eigene Kraft.[198]
Es ist keinesfalls unmöglich, die Führungskunst zu beherrschen. Als Leader, der an seine eigenen Grenzen stößt und damit offen und ehrlich umgeht, werden Sie zu einer geachteten Persönlichkeit. Sie können mehr als sich dem Satz „Menschen lassen sich nicht managen“ ergeben.
Sie können Mut machen.
Sie können und müssen Mut machen.
Sie können das schaffen!

Wer führt, gewinnt!

Am Ende wird alles gut. Wenn es nicht gut wird,
ist es noch nicht das Ende.
– Oscar Wilde

Als Leader gewinnen Sie Menschen für ein Ziel, gewinnen Sie Ansehen und Loyalität, gewinnen Sie Lebensqualität, und natürlich gewinnen Sie auch finanziell. Ihr Erfolg gibt Ihnen recht.

Das war erst der Anfang

Glück ist die Folge einer Tätigkeit.

Literatur, Quellen und Fotorechte

10.

Literatur

ANASTASCIU, Cristian, Andreas von MEIER et al.: *Leadership Creators – Verbesserung der Führungsqualität*, TU München 2007.

BALDIA, Patrick: „Gegessen wird im Unternehmen", in: *Unternehmer* 6/2013.

BAUMGARTNER, Peter und Rainer HORNBOSTEL: „Charisma im ewigen Eis", in: *High Potential* 1/2008.

BAUMGARTNER, Peter: *Geniale Grenzgänge – Limits in der Wirtschaft und am Ende der Welt*, Böhlau, 1. Auflage 2012.

BAUMGARTNER, Peter und Rainer HORNBOSTEL: *Manager müssen Mut machen – Mythos Shackleton*, BOOKS4SUCCESS 2013.

BERGER, Werner und Angelika RINNER: „Innovative Führung – Was heißt Leadership?", in: *INsight* 5/2008.

BERNDT, Ralph: *Leadership in turbulenten Zeiten*, Springer, 1. Auflage 2003.

BETSCHART, Martin: „Warum sind manche Menschen erfolgreicher als andere?", in: *Wissen + Karriere* 1/2010.

BOCK, Petra: „Motivation durch respektvolle Führung", in: *Karriere Welt*, 17./19.10.2011.

BRANDNER, Walter und Hans HOFINGER (Hrsg.): *Moral und Verantwortung in der Wirtschaft*, Österreichischer Volksbankenverlag, 1987.

BRAUN, Roman: *Die Macht der Rhetorik*, Piper 2004.

BRUCH, Heike, Stefan KRUMMAKER und Bernd VOGEL (Hrsg.): *Leadership – Best Practice und Trends*, Gabler, 1. Auflage 2006.

CHRISTENSEN, Clayton M., Kurt MATZLER und Stephan Friedrich VON DEN EICHEN: *The Innovator's Dilemma*, Vahlen, 1. Auflage 2011.

CONECTA (Hrsg.): *Führung leben*, Carl-Auer, 1. Auflage 2010.

COVEY, Stephen R.: *Die sieben Wege zur Effektivität*, Heyne, 7. Auflage 2000.

CREUSEN, Utho und Gordon MÜLLER-SEITZ: *Das Positive-Leadership-GRID*, Gabler, 1. Auflage 2010.

CREUSEN, Utho, Nina-Ric ESCHEMANN und Thomas JOHANN: *Positive Leadership: Psychologie erfolgreicher Führung*, Gabler, 1. Auflage 2010.

CRUMMENERL, Claudia: „Erfolgsfaktor Führung", in: *personalmanager* 1/2013.

DACHS, Robert: *Oskar Werner – Abgründe eines Giganten*, Braunmüller, 2. Auflage 2010.
„Die Treppe von oben kehren“, in: *Die Zeit* Nr. 18, 6.5.1954.
DÖRR, Stefan: „Fit für den Wandel durch transaktionale und transformationale Führung“, in: *Wirtschaftspsychologie aktuell* 1/2007.
DÜRNDORFER, Martina und Peter FRIEDERICHS: *Human Capital Leadership*, Murmann, 1. Auflage 2004.
ECKSTEIN, Sabine: *Arbeitszufriedenheit von Mitarbeiterinnen und Mitarbeitern*, Technische Universität Dortmund, Diplomarbeit, 2009.
EDDING, Cornelia und Karl SCHATTENHOFER: „Andere Art der Teamarbeit“, in: *INsight* 3/2012.
ENKELMANN, Claudia E.: *Einfach mehr Charisma*, Linde, 1. Auflage 2010.
ENKELMANN, Nikolaus B. (Hrsg.): *Die besten Ideen für erfolgreiche Rhetorik*, GABAL, 1. Auflage 2011.
EPIKUR: *Philosophie der Freude*, Alfred Kröner 1973.
ETRILLARD, Stephane: *Charisma – Einfach besser ankommen*, Jungfermann, 1. Auflage 2010.
FELSCH, Philipp: *Literaturen – Die schlimmste Reise der Welt*, 1/2012.
FOURNIER, Cay von: *Der perfekte Chef*, Campus, 2. Auflage 2012.
FRANKL, Viktor E.: *Gesammelte Werke*, hg. von BATTHYANY, Alexander et al., Böhlau, 1. Auflage 2011.
GOLEMAN, Daniel: *Emotionale Führung*, Ullstein, 1. Auflage 2003.
GOLEMAN, Daniel: *Emotionale Intelligenz*, dtv, 3. Auflage 1997.
GOLEMAN, Daniel: “Leadership That Gets Results”, in: *Harvard Business Review* 3-4/2000.
GROTH, Alexander: *Führungsstark im Wandel: Change Leadership*, Campus, 1. Auflage 2011.
GRUNDL, Boris: *Die Zeit der Macher ist vorbei: Warum wir neue Vorbilder brauchen*, Econ, 1. Auflage 2012.
GRUNDL, Boris: „Jeder hat das Recht auf freie Persönlichkeitsentfaltung“, in: *Wirtschaft und Weiterbildung* 2/2012.
GRUNDL, Boris: „Leadership heißt, Menschen groß zu machen“, in: *Der F&E Manager*, 2/2009.

HABERMAS, Jürgen: „Nach dem Bankrott. Der Privatisierungswahn ist an sein Ende gekommen“, in: *Die Zeit*, 6.11.2008.

HALSTRUP, Dominik und Carsten STEINERT: *STUDIE: Schlechte Führung wird toleriert, wenn die Zahlen stimmen*, Hochschule Osnabrück 2011.

HEGELE-RAIH, Cornelia: „Was ist Leadership?“, in: *Harvard Business Manager* 4/2004.

HEIDTMANN Jan und Barbara NOLTE: *Die da oben. Innenansichten aus deutschen Chefetagen*, Suhrkamp 1995.

HERBERT, Kari: *Polarfrauen*, Malik 2011.

HERING, Ralf, Bernd SCHUPPENER und Nina SCHUPPENER: *Leadership statt Management*, Haupt, 1. Auflage 2010.

HERZBERG, Frederick: “One More Time – How Do You Motivate Employers?”, in: *Harvard Business Review* 9-10/1987.

HINTERHUBER, Hans H. und Eric KRAUTHAMMER: *Leadership – mehr als Management*, Gabler, 4. Auflage 2005.

HOFINGER, Hans: *Benedikt als Menschenführer*, Österreichischer Genossenschaftsverband, 5. Auflage 2009.

HOFINGER, Hans: „Cooperativ – Geniale Grenzgänge“, in: *Die Gewerbliche Genossenschaft* 4-5/2012.

HOFINGER, Hans: „Ethische Führung ist gefragt“, in: *Die Gewerbliche Genossenschaft* 1/2009.

HOFINGER, Hans: „Regula Benedicti und Genossenschaftsphilosophie“, in: *Die Gewerbliche Genossenschaft* 4/2002.

HOFINGER, Hans: „Soziale Verantwortung versus verordnete Ethik durch Gesetz, Statut und Leitbild“, in: *Die Gewerbliche Genossenschaft* 9/2002.

HOWARD, Jane Mitchell und Pierce J. HOWARD: *Führen mit dem Big-Five-Persönlichkeitsmodell*, Campus, 1. Auflage 2008.

HÜBNER-WEINHOLD, Mark: „Leadership – die Kunst zu führen: Shackleton als Vorbild“, in: *Hamburger Abendblatt*, 7.05.2005.

JOSTMANN, Christian: *Das Eis und der Tod*, C. H. BECK, 1. Auflage 2011.

KADUK, Stefan, Dirk OSMETZ und Hans A. WÜTHRICH: „Leadership schafft Wettbewerbsvorteile 2. Ordnung“, in: *Führung + Organisation* 6/2007.

KAEGI, Heinz und Christina WEIGL: „Leader werden in Krisen gemacht“, in: *Blickpunkt KMU* 4-5/2011.

KATZENGRUBER, Werner: *Mythos Führungskraft*, Wiley-VCH, 1. Auflage 2010.

KLEINSCHMIDT, Carola: *Kein Stress mit dem Stress*, Bertelsmann Stiftung 2011.

KOEHN, Nancy F.: *Ernest Shackleton – Exploring Leadership*, New Word City, 1. Auflage 2010.

KOEHN, Nancy F.: *Leadership in Crisis*, Harvard Business School, 16.6.2003.

KOEHN, Nancy F.: "Shackleton in Business School", in: *Harvard University Gazette*, 29.1.2004.

KOEHN, Nancy F.: *The Harvard Business School – Leadership Lessons from the Saddle*, 3.5.2011.

KOTTER, John P.: *Leading Change*, Vahlen, 1. Auflage 2011.

KOTTER, John P. und Holger RATHGEBER: *Das Pinguin-Prinzip – Wie Veränderung zum Erfolg führt*, Droemer, 2011.

KOUZES, James M. und Barry Z. POSNER: *Leadership Challenge*, Wiley-VCH, 1. Auflage 2008.

KRÜGER, Wolfgang: *Führen. Jetzt!: Leadership in stürmischen Zeiten, Haufe-Lexware*, 1. Auflage 2009.

KUBINSKI, Cornelia: *Strategic Leadership Development*, Grin, 1. Auflage 2010.

LEHKY, Maren: *Leadership 2.0*, Campus, 1. Auflage 2011.

LÖHR, Jörg: *Die Mutmacher*, in: *Insider* 12/2012.

MACBEATH, John: "Leading Learning and Learning to Lead", in: *Journal für Schulentwicklung*, Studienverlag, 1/2007.

MALIK, Fredmund: *Navigieren in der Komplexität der Neuen Welt*, Campus, 1. Auflage 2011.

MATZLER, Kurt: „Management – Warum etablierte Unternehmen bei bahnbrechenden Innovationen scheitern", in: *INsight* 4/2011.

MESSNER, Reinhold: *Berge versetzen – Das Credo eines Grenzgängers*, BLV, 6. Auflage 2010.

MESSNER, Reinhold: „Robert Scott hat sein Sterben inszeniert", in: *Frankfurter Allgemeine Zeitung*, 17.01.2012.

MOHE, Michael: *Führung und Kommunikation*, Carl von Ossietzky Universität Oldenburg 2006.

MÜNGERSDORF, Jörg: „Geheimnis Leadership“, in: *Synnecta-Führungswerkstatt* 2001.

NAGEL, Gerhard: *Chefs am Limit: 5 Coaching-Wege aus Burnout und Jobkrisen*, Carl Hanser 2010.

NINK, Marco: „Ideen sind der Unternehmenserfolg von morgen“, in: *diebank* 4/2013.

ORTNER, Karl-Heinz: “Best practice in Leadership”, in: *INsight* 2/2012.

PATAK, Michael und Ruth SIMSA: *Leadership in Nonprofit-Organisationen*, Linde, 1. Auflage 2008.

PETERS, Thomas J. und Robert H. WATERMAN: *Auf der Suche nach Spitzenleistungen*, mvg, 4. Auflage 1993.

PERKINS, Dennis: *Leading at the Edge. Leadership lessons from the extraordinary saga of Shackleton's Antarctic Expedition*, Mcgraw-Hill 2000.

PFRIEM, Reinhard: *Innovation und Leadership*, Carl von Ossietzky Universität Oldenburg 2009.

RICHTER, Götz (Hrsg.): *Generationen gemeinsam im Betrieb*, Bertelsmann, 1. Auflage 2009.

RIEMER, Andrea: „Leadership in Umbruchzeiten“, Kolloquium am Centrum für angewandte Politikforschung – LMU München, 30. 5.2011.

RIFFENBURGH, Beau: *Nimrod – Ernest Shackleton und die außergewöhnliche Geschichte der Südpolexpedition*, Berlin Verlag, Deutsche Erstausgabe 2006.

RUGE, Nina: „Charismatische Führung setzt Angstfreiheit voraus“, in: *Personalführung* 8/2008.

SCHEELEN, Frank M. und Brian TRACY: *Personal Leadership*, Redline, 3. Auflage 2005.

SCHEFFER, David: *Implizite Motive*, Hogrefe 2005.

SCHOBER, Wolfgang und Wolfgang WILDNER: „Führ und wider“, in: *Business Monat* 4/2012.

SCHOPENHAUER, Arthur: *Der Mensch mit sich allein*, Georg Prachner, 2. Auflage 1952.

SCHUHMANN, Jörg: *Führungswechsel – Das Unternehmen von der Zukunft her führen*, Books on Demand, 1. Auflage 2010.

SIEBÖCK, Gregor: *Der Weltenwanderer*, Tyrolia, 2. Auflage 2009.

SPRENGER, Reinhard K.: „Themenschwerpunkt Führen“, in: *Campus Magazin* 8/2012.
SPRENGER, Reinhard K.: *Radikal führen*, Campus, 1. Auflage 2012.
STEINLEIN, Christina: „Charisma – Angeboren oder erlernbar“, *FOCUS Online*, 22.12.2006.
The Wall Street Journal: "What is the Difference Between Management and Leadership?", 17.7.2009.
VOLK, Hartmut: „Wie fühlen Sie? Emotionen als Ressource. Gefühle als Leistungsreserve“, *Karrieren Standards* 10/2012.
ZELLWEGER, Hansruedi: *Leadership by Soft Skills*, Gabler, 1. Auflage 2004.

Filme

Eishölle Antarktis – Shackletons Retter, ZDF 2011.
In der Hölle des Packeises, Universum, ZDF/ORF 2001.
Shackleton's Boat, The James Caird Society and Dulwich College 2008.
Shackleton & Scott: Rivalen am Pol, GB 2001.
Shackleton – Verschollen im ewigen Eis, Polyband and Toppic, 2002.
Verschollen im Packeis – Das Antarktis-Abenteuer des Sir Ernest Shackleton, br/arte 2000.
Wettlauf zum Südpol, Universum, ORF 2011.

Sonstige Quellen

Dulwich College, London/England
James Caird Society, London/England
National Library of New Zealand, Wellington/Neuseeland
National Maritime Museum, London/England
Reinhold Messner, Juval/Italien
Royal Geographic Society, Cranbrook/England
Shackleton Museum, Kildare/Irland
The Shackleton Foundation, London/England

Bilderherkunft und Fotorechte

Umschlagbild: Royal Geographical Society, London/England

Autorenbild: Patricia Kriechbaum, Gmunden/Österreich – www.photolounge.at

Bild auf Seite 21: Alfred-Wegener-Institut für Polar- und Meeresforschung, Bremerhaven/Deutschland

Bild auf Seite 25: Royal Geographical Society, London/England

Bild auf Seite 32, alle Grafiken: S. 41, S. 44, S. 46, S. 66, S. 69, S. 77, S. 79, S. 96, S. 108, S. 140, S. 144: Der Autor.

Fußnoten

1 KUBINSKI, Cornelia: *Strategic Leadership Development*, S. 2.

2 BRUCH, Heike, Stefan KRUMMAKER und Bernd VOGEL (Hrsg.): *Leadership – Best Practices und Trends*, S. 285-286.

3 PFRIEM, Reinhard: *Innovation und Leadership*, S. 22.

4 MALIK, Fredmund: *Navigieren in der Komplexität der Neuen Welt*, S. 12.

5 SCHOBER, Wolfgang und Wolfgang WILDNER: *Führ und wider*, S. 20.

6 ZELLWEGER, Hansruedi: *Leadership by Soft Skills*, S. 9.

7 CREUSEN, Utho, Nina-Ric ESCHEMANN und Thomas JOHANN: *Positive Leadership: Psychologie erfolgreicher Führung*, S. 15.

8 CREUSEN, Utho, Nina-Ric ESCHEMANN und Thomas JOHANN: *Positive Leadership: Psychologie erfolgreicher Führung*, S. 23.

9 CREUSEN, Utho, Nina-Ric ESCHEMANN und Thomas JOHANN: *Positive Leadership: Psychologie erfolgreicher Führung*, S. 46

10 MESSNER, Reinhold: *Berge versetzen – Das Credo eines Grenzgängers*, S. 8.

11 HERZBERG, Frederick: *Harvard Business Review*, S. 18.

12 BORMANN-LARSEN, Tor in: *Universum – Wettlauf zum Südpol*, Erstausstrahlung 13.12.2011 auf ORF2.

13 FELSCH, Philipp: *Literaturen*, S. 30.

14 FELSCH, Philipp: *Literaturen*, S. 35.

15 PERKINS, Dennis: *Leading at the Edge. Leadership Lessons from the Extraordinary Saga of Shackleton's Antarctic Expedition*, S. 88.

16 JOSTMANN, Christian: *Das Eis und der Tod*, S. 175.

17 HUNTFORD, Roland, in: *Universum – Wettlauf zum Südpol*, Erstausstrahlung 13.12.2011 auf ORF2.

18 JOSTMANN, Christian: *Das Eis und der Tod*, S. 159.

19 HUNTFORD, Roland, in: *Universum – Wettlauf zum Südpol*, Erstausstrahlung 13.12.2011 auf ORF2.

20 FELSCH, Philipp: *Literaturen*, S. 30.

21 CRANE, David, in: *Universum – Wettlauf zum Südpol*, Erstausstrahlung 13.12.2011 auf ORF2.

22 FIENNES, Ranulph, in: *Universum – Wettlauf zum Südpol*, Erstausstrahlung 13.12.2011 auf ORF2.

23 MESSNER, Reinhold: *Frankfurter Allgemeine Zeitung*, 17.01.2012.

24 MESSNER, Reinhold, in: *Universum – Wettlauf zum Südpol*, Erstausstrahlung 13.12.2011 auf ORF2.

25 BAUMGARTNER, Peter und Rainer HORNBOSTEL: *Manager müssen Mut machen – MYTHOS SHACKLETON*, S. 13-14.

26 HOFINGER, Hans im Vorwort zu: BAUMGARTNER, Peter: *Geniale Grenzgänge – Limits in der Wirtschaft und am Ende der Welt*, S. 15.

27 RIFFENBURGH, Beau: *Nimrod – Ernest Shackleton und die außergewöhnliche Geschichte der Südpolexpedition*, S. 376-377.

28 HERBERT, Kari: *Polarfrauen*, S. 352.

29 HÜBNER-WEINHOLD, Mark: *Hamburger Abendblatt*, 7.05.2005.

30 RIFFENBURGH, Beau: *Nimrod – Ernest Shackleton und die außergewöhnliche Geschichte der Südpolexpedition*, S. 294-295.

31 GOLEMAN, Daniel: *Harvard Business Review*, S. 15.

32 KOEHN, Nancy F.: *Harvard University Gazette*, 29.1.2004.

33 KOEHN, Nancy F.: *Ernest Shackleton – Exploring Leadership*, S. 17.

34 BAUMGARTNER, Peter und Rainer HORNBOSTEL: *Manager müssen Mut machen – MYTHOS SHACKLETON*, S. 13.

35 Lars Thomsen beim HR Executive Circle – Managementcircle Frankfurt, 4.2.2013.

36 HEGELE-RAIH, Cornelia: *Harvard Business Manager*, S. 37.

37 KOUZES, James M. und Barry Z. POSNER: *Leadership Challenge*, S. 10.

38 FOURNIER, Cay von: *Der perfekte Chef*, S. 111.

39 http://www.channelpartner.de/knowledgecenter/management_karriere/243072/index4.html – abgerufen am 10.1.2014.

40 THE WALL STREET JOURNAL: "What is the Difference Between Management and Leadership?", 17.7.2009.

41 SPRENGER, Reinhard K.: *Radikal führen*, S. 12.

42 MOHE, Michael: *Führung und Kommunikation*, S. 17.

43 DÖRR, Stefan: *Wirtschaftspsychologie aktuell*, S. 23.

44 DÖRR, Stefan: *Wirtschaftspsychologie aktuell*, S. 23.
45 MESSNER, Reinhold: *Berge versetzen – Das Credo eines Grenzgängers*, S. 229.
46 http://www.business-wissen.de/mitarbeiterfuehrung/herausforderung-wir-brauchen-mehr-fuehrung-und-weniger-management/ – abgerufen am 14.1.2014.
47 KOTTER, John P.: *Leading Change*, S. 26.
48 KOEHN, Nancy F.: *Leadership in Crisis*, S. 25.
49 LEHKY, Maren: *Leadership 2.0*, Campus, S. 15-16.
50 Dr. Tilmann Knoll beim HR Executive Circle – Managementcircle Frankfurt, 5.2.2013.
51 KADUK, Stefan, Dirk OSMETZ und Hans A. WÜTHRICH: *Führung + Organisation*, S. 313.
52 BRANDNER, Walter und Hans HOFINGER (Hrsg.): *Moral und Verantwortung in der Wirtschaft*, S. 101.
53 Jörg Löhr beim Wissensforum Rosenheim, 8.3.2013.
54 http://www.wiwo.de/erfolg/management/talentmanagement-talent-ist-nichts-fuer-kennzahlfetischisten/8719638.html – abgerufen am 14.1.2014.
55 HINTERHUBER, Hans H. und Eric KRAUTHAMMER: *Leadership – mehr als Management*, S. 18.
56 GOLEMAN, Daniel: *Emotionale Intelligenz*, S. 291.
57 GOLEMAN, Daniel: *Emotionale Intelligenz*, S. 190-191.
58 BERNDT, Ralph: *Leadership in turbulenten Zeiten*, S. 3.
59 ECKSTEIN, Sabine: *Arbeitszufriedenheit von Mitarbeiterinnen und Mitarbeitern*, S. 39.
60 NINK, Marco: *diebank*, S. 75.
61 PETERS, Thomas J. und Robert H. WATERMAN: *Auf der Suche nach Spitzenleistungen*, S. 324.
62 ECKSTEIN, Sabine: *Arbeitszufriedenheit von Mitarbeiterinnen und Mitarbeitern*, S.41-44.
63 SCHEELEN, Frank M. und Brian TRACY: *Personal Leadership*, S. 15-17.
64 RICHTER, Götz (Hrsg.): *Generationen gemeinsam im Betrieb*, S. 102-103.

65 ANASTASCIU, Cristian, Andreas von MEIER et al.: *Leadership Creators – Verbesserung der Führungsqualität*, S. 16-17.

66 RIEMER, Andrea: *Leadership in Umbruchzeiten*, Kolloquium.

67 MÜNGERSDORF, Jörg: *Geheimnis Leadership*, S. 14-18.

68 ZELLWEGER, Hansruedi: *Leadership by Soft Skills*, S. 12.

69 KAEGI, Heinz und Christina WEIGL: *Blickpunkt KMU*, S. 56.

70 HEGELE-RAIH, Cornelia: *Harvard Business Manager*, S. 37.

71 ANASTASCIU, Cristian, Andreas MEIER et al.: *Leadership Creators – Verbesserung der Führungsqualität*, S. 10-11.

72 ANASTASCIU, Cristian, Andreas MEIER et al.: *Leadership Creators – Verbesserung der Führungsqualität*, S. 18.

73 http://www.dozentenscout.de/Fachartikel/details/Fuehren-lernen – abgerufen am 2.1.2014.

74 BERNDT, Ralph: *Leadership in turbulenten Zeiten*, S. VI.

75 KOTTER, John P.: *Leading Change*, S. 23.

76 HÖFINGER, Hans: *Soziale Verantwortung versus verordnete Ethik durch Gesetz, Statut und Leitbild*, S. 9.

77 BRUCH, Heike, Stefan KRUMMAKER und Bernd VOGEL (Hrsg.): *Leadership – Best Practices und Trends*, S. 301.

78 HERING, Ralf, Bernd SCHUPPENER und Nina SCHUPPENER: *Leadership statt Management*, S. 14.

79 http://www.leaders-circle.at/leadershiplernen.html – abgerufen am 11.1.2014.

80 GOLEMAN, Daniel: *Emotionale Führung*, S. 131-134.

81 HÜBNER-WEINHOLD, Mark: „Leadership – die Kunst zu führen: Shackleton als Vorbild“, in: *Hamburger Abendblatt*, 7.05.2005.

82 FOURNIER, Cay von: *Der perfekte Chef*, S. 14.

83 http://frank-business-coaching.de/worin-liegt-der-unterschied-zwischen-management-und-leadership/ – abgerufen am 18.1.2014.

84 http://jetzt.sueddeutsche.de/texte/anzeigen/392521 – abgerufen am 9.1.2014.

85 KRÜGER, Wolfgang: *Führen. Jetzt!: Leadership in stürmischen Zeiten*, S. 26.

86 GOLEMAN, Daniel: *Harvard Business Review*, S. 4.

87 GOLEMAN, Daniel: *Harvard Business Review*, S. 5.
88 KOEHN, Nancy F.: *The Harvard Business School – Leadership Lessons from the Saddle*, 3.5.2011.
89 KOTTER, John P.: *Leading Change*, S. 50-51.
90 NAGEL, Gerhard: *Chefs am Limit: 5 Coaching-Wege aus Burnout und Jobkrisen*, Buchrückseite.
91 SCHUHMANN, Jörg: *Führungswechsel – Das Unternehmen von der Zukunft her führen*, S. 68.
92 BERGER, Werner und Angelika RINNER: *INsight*, S. 6.
93 HOFINGER, Hans: *Cooperativ – Geniale Grenzgänge*, S. 21.
94 MESSNER, Reinhold: *Berge versetzen – Das Credo eines Grenzgängers*, S. 228.
95 EDDING, Cornelia und Karl SCHATTENHOFER: *INsight*, S. 70.
96 HALSTRUP, Dominik und Carsten STEINERT: *STUDIE: Schlechte Führung wird toleriert, wenn die Zahlen stimmen*, Hochschule Osnabrück, 4.07.2011.
97 PRECHT, Richard David: Freiheitskongress „Chancen für morgen", Berlin, 3.10.2010.
98 ANASTASCIU, Cristian, Andreas MEIERet al.: *Leadership Creators – Verbesserung der Führungsqualität*, S. 20.
99 SCHOPENHAUER, Arthur: *Der Mensch mit sich allein*, S. 94.
100 CRUMMENERL, Claudia: *personalmanager*, S. 42.
101 BRAUN, Roman: *Die Macht der Rhetorik*, S. 2.
102 SIEBÖCK, Gregor: *Der Weltenwanderer*, S. 74.
103 PFRIEM, Reinhard: *Innovation und Leadership*, S. 25.
104 CRUMMENERL, Claudia:, S. 42.
105 KOEHN, Nancy F.: *Ernest Shackleton – Exploring Leadership*, S. 30-32.
106 BERGER, Werner und Angelika RINNER: *INsight*, S. 7.
107 FOURNIER, Cay von: *Der perfekte Chef*, S. 14.
108 BALDIA, Patrick: *Unternehmer*, S. 28.
109 BOCK, Petra: *Karriere Welt*, S. 4-5.
110 SPRENGER, Reinhard K.: *Campus Magazin*, S. 3-11.
111 KLEINSCHMIDT, Carola: *Kein Stress mit dem Stress*, S. 14-17.
112 HOFINGER, Hans: *Ethische Führung ist gefragt*, S. 22.

113 HOFINGER, Hans: *Soziale Verantwortung versus verordnete Ethik durch Gesetz, Statut und Leitbild*, S. 9.

114 PATAK, Michael und Ruth SIMSA: *Leadership in Nonprofit-Organisationen*, S. 7-8.

115 GRUNDL, Boris: *Die Zeit der Macher ist vorbei: Warum wir neue Vorbilder brauchen*, S. 99.

116 http://www.business-wissen.de/unternehmensfuehrung/fuehrungsverhalten-der-manager-in-unternehmen/ – abgerufen am 14.1.2014.

117 FRANKL, Viktor E.: *Gesammelte Werke*, S. 434.

118 MESSNER, Reinhold: *Berge versetzen – Das Credo eines Grenzgängers*, S. 107.

119 HABERMAS, Jürgen: *Die Zeit*, 6.11.2008, S. 53.

120 SCHUHMANN, Jörg: *Führungswechsel – Das Unternehmen von der Zukunft her führen*, S. 257.

121 www.the-spirit-of-leadership.de – abgerufen am 9.1.2014.

122 SCHEELEN, Frank M. und Brian TRACY: *Personal Leadership*, S. 15-17.

123 HOFINGER, Hans: *Regula Benedicti und Genossenschaftsphilosophie*, S. 7.

124 HEIDTMANN Jan und Barbara NOLTE: *Die da oben. Innenansichten aus deutschen Chefetagen*, S. 55.

125 LÖHR, Jörg: *Insider*, S. 8-9.

126 SPRENGER, Reinhard K.: *Radikal führen*, S. 176.

127 BOCK, Petra: *Karriere Welt*, S. 4.

128 Lars Thomsen beim HR Executive Circle – Managementcircle Frankfurt, 4.2.2013.

129 Lars Thomsen beim HR Executive Circle – Managementcircle Frankfurt, 4.2.2013.

130 FRANKL, Viktor E.: *Gesammelte Werke*, S. 383.

131 KOTTER, John P. und Holger RATHGEBER: *Das Pinguin-Prinzip – Wie Veränderung zum Erfolg führt*, S. 127.

132 MATZLER, Kurt: *INsight*, S. 62.

133 CHRISTENSEN, Clayton M., Kurt MATZLER und Stephan Friedrich VON DEN EICHEN: *The Innovators Dilemma*, S. 3-4.

134 CHRISTENSEN, Clayton M., Kurt MATZLER und Stephan Friedrich VON DEN EICHEN: *The Innovators Dilemma*, S.193.

135 NINK, Marco: *diebank*, S. 77.

136 PERKINS, Dennis : *Leading at the Edge. Leadership Lessons from the Extraordinary Saga of Shackleton's Antarctic Expedition*, S. 109.

137 PERKINS, Dennis : *Leading at the Edge. Leadership Lessons from the Extraordinary Saga of Shackleton's Antarctic Expedition*, S. XVIII.

138 HOWARD, Jane Mitchell und Pierce J. HOWARD: *Führen mit dem Big-Five-Persönlichkeitsmodell*, S. 23.

139 ENKELMANN, Claudia E.: *Einfach mehr Charisma*, S. 20.

140 FRANKL, Viktor E.: *Gesammelte Werke*, S. 401-401.

141 ZELLWEGER, Hansruedi: *Leadership by Soft Skills*, S. 13.

142 HOFINGER, Hans: *Benedikt als Menschenführer*, S. 145.

143 MESSNER, Reinhold: *Berge versetzen – Das Credo eines Grenzgängers*, S. 229.

144 ENKELMANN, Claudia E.: *Einfach mehr Charisma*, S. 10.

145 FOURNIER, Cay von: *Der perfekte Chef*, S. 26.

146 ENKELMANN, Nikolaus B. (Hrsg.): *Die besten Ideen für erfolgreiche Rhetorik*, S. 270.

147 HOFINGER, Hans: *Benedikt als Menschenführer*, S. 95.

148 BETSCHART, Martin: *Wissen + Karriere*, S. 4.

149 DIE ZEIT: *Die Treppe von oben kehren*, Nr. 18, 6.5.1954; S. 8.

150 BETSCHART, Martin: *Wissen + Karriere*, S. 5.

151 EPIKUR: *Philosophie der Freude*, S. 73.

152 CREUSEN, Utho, Nina-Ric ESCHEMANN und Thomas JOHANN: *Positive Leadership: Psychologie erfolgreicher Führung*, S. 46.

153 GROTH, Alexander: *Führungsstark im Wandel: Change Leadership*, S. 176.

154 KRÜGER, Wolfgang: *Führen. Jetzt!: Leadership in stürmischen Zeiten*, S. 21.

155 LEHKY, Maren: *Leadership 2.0*, S. 189.

156 COVEY, Stephen R.: *Die sieben Wege zur Effektivität*, S. 12.

157 MESSNER, Reinhold: *Berge versetzen – Das Credo eines Grenzgängers*, S. 180.

158 MACBEATH, John: *Leading learning and learning to lead*, S. 21.

159 ANASTASCIU, Cristian, Andreas von MEIER et al.: *Leadership Creators – Verbesserung der Führungsqualität*, S. 5-6.

160 GRUNDL, Boris: *Wirtschaft und Weiterbildung*, S. 64.

161 STEINLEIN, Christina: *FOCUS Online*, 22.12.2006.

162 STEINLEIN, Christina: *FOCUS Online*, 22.12.2006.

163 ENKELMANN, Nikolaus B. (Hrsg.): *Die besten Ideen für erfolgreiche Rhetorik*, S. 48.

164 ENKELMANN, Claudia E.: *Einfach mehr Charisma*, S. 32.

165 ETRILLARD, Stéphane: *Charisma – Einfach besser ankommen*, S. 45.

166 ENKELMANN, Nikolaus B. (Hrsg.): *Die besten Ideen für erfolgreiche Rhetorik*, S. 54-55.

167 ENKELMANN, Nikolaus B. (Hrsg.): *Die besten Ideen für erfolgreiche Rhetorik*, S. 58.

168 ENKELMANN, Claudia E.: *Einfach mehr Charisma*, S. 12.

169 RUGE, Nina: *Personalführung*, S. 82.

170 ENKELMANN, Claudia E.: *Einfach mehr Charisma*, S. 13-14.

171 KATZENGRUBER, Werner: *Mythos Führungskraft*, S. 45.

172 MOHE, Michael: *Führung und Kommunikation*, S. 18.

173 STEINLEIN, Christina: *FOCUS Online*, 22.12.2006.

174 BAUMGARTNER, Peter und Rainer HORNBOSTEL: *High Potential*, S. 8.

175 BRAND, Jobst-Ulrich, Christoph ELFEIN, Carin PAWLAK und Stefan RUZAS: *Die Moral-Macher*, S. 81.

176 ANASTASCIU, Cristian, Andreas MEIER et al.: *Leadership Creators – Verbesserung der Führungsqualität*, S. 14.

177 ORTNER, Karl-Heinz: *INsight*, S. 19.

178 DÖRR, Stefan: *Wirtschaftspsychologie aktuell*, S. 23.

179 CREUSEN, Utho und Gordon MÜLLER-SEITZ: *Das Positive-Leadership-GRID*, S. 20.

180 ORTNER, Karl-Heinz: *INsight*, S. 18.

181 VOLK, Hartmut: *Karrieren Standards*, S. 105.

182 CONECTA (Hrsg.): *Führung leben*, S. 11.

183 MESSNER, Reinhold: *Berge versetzen – Das Credo eines Grenzgängers*, S. 230.

184 DACHS, Robert: *Oskar Werner – Abgründe eines Giganten*, S. 111.
185 KATZENGRUBER, Werner: *Mythos Führungskraft*, S. 55.
186 SPRENGER, Reinhard K.: *Campus Magazin*, S. 11.
187 KATZENGRUBER, Werner: *Mythos Führungskraft*, S. 85.
188 DÜRNDORFER, Martina und Peter FRIEDERICHS: *Human Capital Leadership*, S. 27.
189 MESSNER, Reinhold: *Berge versetzen – Das Credo eines Grenzgängers*, S. 188.
190 MESSNER, Reinhold: *Berge versetzen – Das Credo eines Grenzgängers*, S. 193.
191 Dieter Lange beim Wissensforum Rosenheim, 8.03.2013.
192 SCHEFFER, David: *Implizite Motive*, S. X.
193 CRUMMENERL, Claudia: *personalmanager*, S. 43.
194 GRUNDL, Boris: *Der F&E Manager*, S. 4.
195 CREUSEN, Utho, Nina-Ric ESCHEMANN und Thomas JOHANN: *Positive Leadership: Psychologie erfolgreicher Führung*, S. 24.
196 MESSNER, Reinhold: *Berge versetzen – Das Credo eines Grenzgängers*, S. 179.
197 DIE ZEIT: *Die Treppe von oben kehren*, Nr. 18, 6.5.1954; S. 8.
198 DACHS, Robert: *Oskar Werner – Abgründe eines Giganten*, S. 58.